职业教育本科土建类专业融媒体系列教材
浙江省普通高校"十三五"新形态教材

装配式混凝土结构构件生产

赵冬梅　姜　军　主编

中国建筑工业出版社

图书在版编目（CIP）数据

装配式混凝土结构构件生产 / 赵冬梅，姜军主编
. — 北京：中国建筑工业出版社，2022.6
职业教育本科土建类专业融媒体系列教材　浙江省普
通高校"十三五"新形态教材
ISBN 978-7-112-27112-2

Ⅰ. ①装… Ⅱ. ①赵… ②姜… Ⅲ. ①装配式混凝土
结构-结构构件-生产工艺-高等职业教育-教材　Ⅳ.
①TU37

中国版本图书馆 CIP 数据核字（2022）第 031295 号

群号：936729595

QQ 交流群

本教材分为 7 个项目，包括初识装配式混凝土结构构件生产、叠合楼板生产、叠合梁生产、预制剪力墙生产、异形构件生产、预制构件生产质量验收以及预制构件生产安全管理概述。每个项目都附有"思考与练习"，重要内容均附有二维码。

该教材可作为职教本科、高职高专土木建筑类专业学生的教材和教学参考书，也可作为建设类行业、企业相关技术人员的学习用书。

本教材配备丰富的数字资源，可扫描书中二维码免费使用。为方便教师授课，本教材作者自制免费课件，索取方式为：1. 邮箱：jckj@cabp.com.cn；2. 电话：（010）58337285；3. 建工书院：http://edu.cabplink.com。同时可加入 QQ 专业交流群：936729595 进行交流。

责任编辑：李　阳
责任校对：芦欣甜

职业教育本科土建类专业融媒体系列教材
浙江省普通高校"十三五"新形态教材
装配式混凝土结构构件生产
赵冬梅　姜　军　主编

*

中国建筑工业出版社出版、发行（北京海淀三里河路 9 号）
各地新华书店、建筑书店经销
北京鸿文瀚海文化传媒有限公司制版
天津安泰印刷有限公司印刷

*

开本：787 毫米×1092 毫米　1/16　印张：9　字数：222 千字
2022 年 8 月第一版　2022 年 8 月第一次印刷
定价：31.00 元（赠教师课件）
ISBN 978-7-112-27112-2
（38978）

前　言

《装配式混凝土结构构件生产》是依托浙江广厦建设职业技术大学与浙江中民筑友科技有限公司校企合作基础之上共同开发编写的一本土建类专业教材。教材编写以建筑装配式应用型技能人才培养为目标，内容符合土建类专业人才培养要求。本教材被列为浙江省普通高校"十三五"新形态教材之一。

教材编写以项目化模块开展，思路清晰并循序渐进，具备较强的指导性和可操作性。项目划分主要以不同类型的构件生产为依据，外加生产准备、构件质量检验和安全生产等项目，项目划分上更具层次性。本教材主要分为7个项目，每个项目中包括："学习目标""课程思政""项目导入""任务引入"和"任务实施"五个模块。"学习目标"明确了学习者需达到的学习标准；"项目导入"明确了应掌握的构件生产项目；"任务引入"明确了本章节主要的学习内容；"任务实施"是每个任务的重点，以构件生产工艺的先后顺序为主线，对不同生产步骤的注意事项进行详细阐述。每个项目后附有"思考与练习"，通过即时训练，强化学习者对本章节学习内容的掌握。

对本教材中重要章节均附有二维码。通过扫描二维码，打开视频链接即可学习线上视频资源。充分利用"互联网＋"技术，打造数字化新形态教材，让书本成为移动的课堂。

本教材编写得到了浙江中民筑友科技有限公司的大力支持，该公司预制构件生产基地为本书中视频拍摄的主要场所。公司相关技术人员为教材编写提供了宝贵的资源与素材，并对本教材中部分章节提供了编写的建议。本教材由赵冬梅、姜军担任主编，罗梅、王丽君担任副主编，王春福担任主审。具体编写任务如下：项目1、项目3由浙江广厦建设职业技术大学赵冬梅编写；项目4、项目6由中国二十二冶集团有限公司姜军编写；项目2由浙江广厦建设职业技术大学王丽君编写；项目5由浙江广厦建设职业技术大学涂小妹编写；项目7由浙江广厦建设职业技术大学罗梅编写。

由于编者水平有限，书中难免存在不足之处，敬请读者批评指正！

目　录

项目1

初识装配式混凝土结构构件生产

Chapter 01

学习目标

1. 通过本项目的学习，认识和了解预制构件的生产工艺。
2. 能够说出预制构件生产过程中所需要用到的机械设备的基本性能和作用。
3. 能够对预制构件所需的建筑材料有总体的认知。
4. 掌握装配式材料的检验方法及材料合格标准。
5. 掌握装配式构件的基本生产流程。

微课 1.1.1
PC 构件生产绪论

课程思政

引导学生将"我为国家建大楼""我为中国绿色建筑添砖加瓦"和个人价值要求融为一体，提高学生爱国、敬业、诚信修养。

帮助学生了解装配式建筑行业领域的国家战略和相关政策，通过学习我国装配式建筑领域智慧创造的案例，弘扬民族精神，激发民族自豪感，培养学生家国情怀，坚定文化自信。

项目导入

本项目分两个任务进行学习：任务 1.1　认识预制构件生产工艺与设备，本部分内容主要介绍预制构件常见的生产工艺与流程，常见生产设备配置及性能；任务 1.2　装配式混凝土建筑材料检验，本部分内容介绍预制构件生产主要使用材料的质量检验方法及合格标准，熟悉相关质量要求。

➡ 思维导图

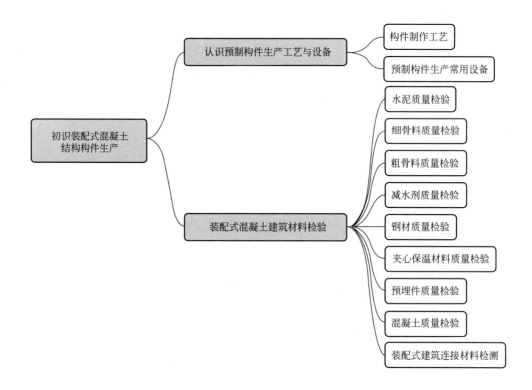

任务 1.1　认识预制构件生产工艺与设备

任务引入

　　预制构件一般是在工厂制作生产，其制作生产有不同的工艺，根据构件类型和复杂程度等确定。装配式结构构件生产过程中需用到各种生产设备，随着生产技术和各类生产设备性能的提高，在预制构件生产过程中可连续不间断的全自动生产线已逐步投入使用。构件生产环节的工业化、自动化程度得到了进一步改善。本任务依照预制构件生产流程，主要介绍生产工艺与生产设备。

💡 **任务实施**

1.1.1　构件制作工艺

　　常用的预制构件生产工艺主要有两种形式，即固定式和流动式。其中，固定式包括固定模台生产工艺、立模生产工艺和预应力生产工艺等，固定式生产工艺是目前预制构件制作应用最广泛的工艺；流动式生产工艺根据自动化程度的高低分自动流水线工艺和流水线工艺，流水线工艺一般采用可移动的标准钢平台，通过滚轴或轨道，移动到相应的作业区进行相应的工序作业。

1. 固定式

固定模台生产工艺根据生产规模的要求，在工厂布置一定数量的固定模台，组模、钢筋绑扎、浇筑混凝土、养护和脱模等工艺均在固定模台上进行。生产过程中，模具位置固定不动，作业人员在不同的构件制作工位流动。固定模台工艺适合各种预制构件的生产制作，包括标准化构件、非标准化构件和异形构件等。

固定式模台体系又可细分为平模和立模，平模生产工艺如图 1-1 所示，立模生产工艺如图 1-2 所示。固定平模通常采用平面浇筑或者立面浇筑的方法，优点有适用性好、管理简单、设备成本较低。缺点是难以实现机械化，人工消耗量较多。成组立模是一种立式的固定模台，通常用于内墙板构件的生产。优点有节省空间、养护效果好、预制构件表面平整等。缺点是受制于构件形状，通用性不强。对于带飘窗外墙板、预制阳台等大型异形构件的生产，需要用到的模具相对体型较大，宜采用固定台模的形式组织生产（图 1-3）。

图 1-1　平模生产工艺

| (a) | (b) |

图 1-2　立模生产工艺
（a）楼梯立模生产；（b）成组立模生产

2. 流动式

流水线工艺流程主要为标准钢平台通过导向轮和驱动轮移动到每个工位，由相应工位的工人或机械手完成相应的作业，然后转运到下一个工位，送入养护窑养护完成后脱模，进入堆场或转运至现场吊装。相较于固定模台，流动模台应用较广，构件生产效率较高。某 PC 工厂流转模台生产线如图 1-4 所示。优点有生产效率高、模台利用率高。缺点是限制于规则平板构件、一次投入的成本较高。

(a)　　　　　　　　　　　　　　　(b)

图 1-3　固定台模

（a）阳台板模具；（b）带飘窗外墙板模具

图 1-4　某 PC 工厂流转模台生产线

1.1.2　预制构件生产常用设备

1. 控制系统

（1）中央控制系统

中央控制系统可比拟为整个预制构件生产线的"大脑"。在预制构件生产过程中可对整个生产过程进行流程控制和操作。图 1-5 为实际工程中的中央控制室。通过中央控制室，可实现对整个生产过程全景的监控与生产过程的控制，及时对生产过程中出现的意外状况进行处置。中央控制室的主要优势如下：①实现整个生产线的控制模式转换：手动控制、半自动控制、自动控制；②实现生产线状态监控；③实现整条生产线模拟状态监控及蒸养窑内模台位置状态监控；④实现整条生产线运行过程中故障显示、故障点查询；⑤实现整条环形生产线运转报警指示及报警内容显示；⑥可实现预养窑、立体蒸养窑温湿度的监控及数据自动记录、分析、整理功能，且自动绘制温度；⑦可进行实时状态查询，能够实现数据打印。

(a)

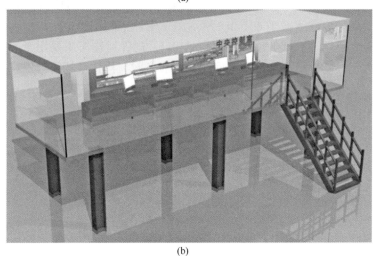

(b)

图 1-5　中央控制室

（a）中央控制室实景图；（b）中央控制室虚拟图

（2）流水线控制系统

流水线控制系统主要作用为控制模台的移动，实现构件生产作业的流水化。目前该系统一般采用高精度位置传感器进行模台位置的控制。模台位置的精准程度会影响后续划线的操作，故对模台位置进行精准的定位是流水控制系统需要解决的问题。流水控制系统需要附带控制模台急停的装置，以应对生产车间各种突发状况，避免出现安全事故。流水线控制系统虚拟图如图 1-6 所示。

2. 模台循环系统

模台循环系统主要由边模输送机、构件运输车、驱动轮、支撑轮、举升平移车和模台等部分组成。边模输送机如图 1-7 所示，边模输送机的主要作用是将侧模板从模板清理工位运至侧模安装区。为了防止边模跑偏，常在辊道两侧设有护栏（逐台互联），增加防护

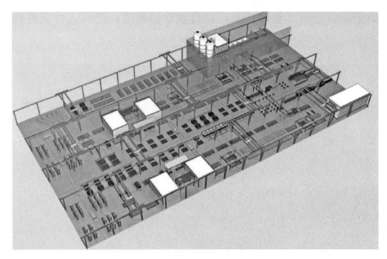

图 1-6　流水线控制系统虚拟图

安全性。为了方便作业操作，在相应工位上设有自动、手动控制按钮，随时中断设备运行，进行相应处理。构件运输车如图 1-8 所示。在构件生产车间中，构件运输车一般的驱动方式为电瓶电力驱动，有效的承载能力可达 25t。构件运输车主要用于叠合板的水平运输和墙板的竖向运输，也可用于生产车间内部或者车间与构件堆场间构件成品的运输。

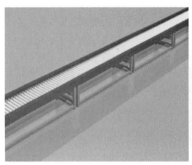

图 1-7　边模输送机

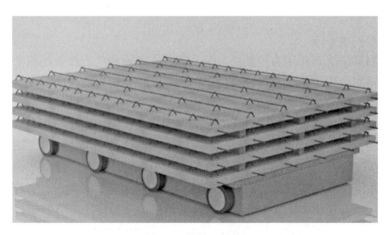

图 1-8　构件运输车

　　驱动轮和导向轮为直接移动模台的结构部件，如图 1-9 和图 1-10 所示。驱动轮主要为模台沿生产线移动提供驱动力，导向轮主要为支撑和引导模台前进。摆渡平移车一般设置于循环生产的起点与端点，也有流水线中间加设布置。其主要作用是将模板沿垂直于生产线方向进行整体平移，如图 1-11 所示。

图 1-9　驱动轮

图 1-10　导向轮

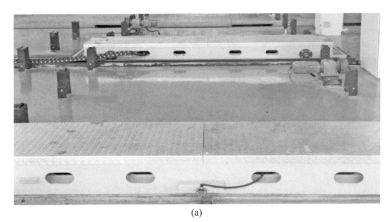

(a)

(b)

图 1-11　摆渡平移车

（a）摆渡平移车 1；（b）摆渡平移车 2

模台是预制构件生产的操作平台，如图 1-12 所示。模台可作为预制构件的底模，也可作为工人生产操作的活动空间。综合模台的用途，模台要具备一定的平整度和刚度。模台的大小可依据生产线进行定制，有 4m×9m、4m×12m 等类型，其使用寿命可达 3000 次。

(a)

(b)

图 1-12　生产线上的流转模台

（a）流转模台；（b）流转模台及叠合楼板

3. 布料系统

预制构件生产过程中布料系统包括三个部分：振捣平台、螺旋布料机和混凝土送料机。各部分示意图如图 1-13 所示。其中振捣平台可根据需要振捣的构件调节振捣的幅度和频率。操作工人根据相关要求和实际情况掌握振捣的时间；螺旋布料机用于纵横向混凝土的浇筑，可通过手动和自动控制相结合的方式控制混凝土的出料量和出料的速度；混凝土送料车可将混凝土从搅拌站输送至螺旋布料机中。在生产车间中，混凝土送料车行走路线为预先设定好的轨道路线，故在混凝土送料过程中，各生产线应协调好混凝土需求时间。

(a)

(b)

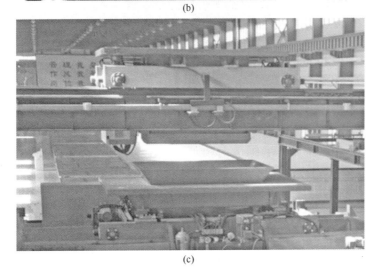

(c)

图 1-13 布料系统示意图

(a) 振捣平台；(b) 螺旋布料机；(c) 混凝土送料机

4. 模台预处理系统

模台预处理系统包括：隔离剂喷涂机、清扫机、划线机、抹光机、拉毛机和振动赶平机。各机器部件如图 1-14 所示。上述几个部件主要是对模台表面进行预处理以及对成品构件表面进行进一步处理。上述机器部件在全自动生产线中必不可少，而对于部分生产线，目前生产车间仍以人工居多。其中拉毛机是制作叠合楼板必不可少的工序部件，通过调整拉毛机的高度，可控制拉毛的深度。

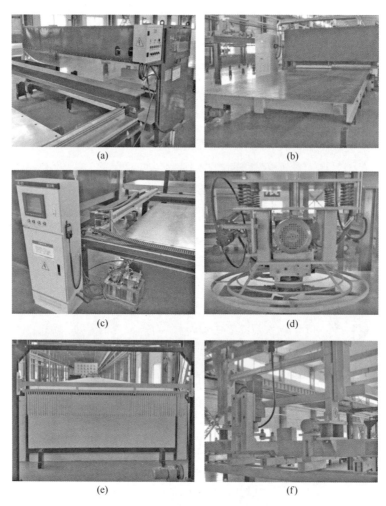

图 1-14　模台预处理系统

（a）隔离剂喷涂机；（b）清扫机；（c）划线机；（d）抹光机；（e）拉毛机；（f）振动赶平机

5. 养护系统

养护系统包括堆码机和立体养护窑，如图 1-15 所示。当预制构件浇筑完毕，对于小型构件如叠合板、墙板可进入立体养护窑中进行蒸汽养护。既节省了养护的空间，同时养护效果较好。对于异形墙、大型阳台等预制构件，一般采用自然养护。堆码机主要用于叠合楼板或者轻质墙板的叠合堆放，可节省生产车间内的空间。

6. 脱模系统

脱模系统主要是针对预制楼板和预制墙板设置，通过翻板机后的顶升设备将模台翻

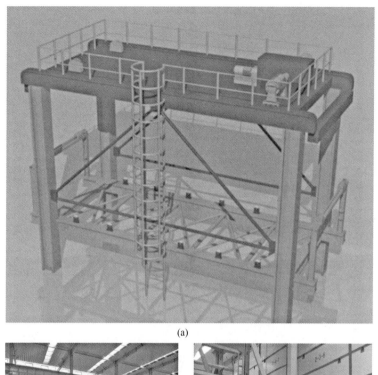

(a)

(b)

图 1-15　养护系统

（a）堆码机；（b）立体养护窑

起，以便于构件的脱模。脱模系统如图 1-16 所示。

7. 常用模具

预制构件的模具是在构件生产过程中品种最多、操作较为频繁的部件。对于预制构件的模具一般应满足如下几个方面的要求，才能为预制构件的合格率提供保障：

（1）具有足够的承载力、刚度和稳定性；

（2）支模和拆模要方便；

（3）便于钢筋安装和混凝土浇筑、养护；

（4）部件与部件之间连接要牢固；

（5）预埋件均应有可靠固定措施。

对于常规的规则构件，一般会配套成品的钢模如图 1-17 所示。而对于临时性或者异型的构件，现场也可采用木模板。模板在组装过程中也需要注意如下几点：

（1）模板的接缝不应漏浆：在浇筑混凝土前，木模板应浇水湿润，模板内无积水；

（2）模板与混凝土的接触面应清理干净并涂刷隔离剂，但不得采用影响结构性能或妨碍装饰工程施工的隔离剂；

11

(a)

(b)

图 1-16　脱模系统

（a）系统顶升设备；（b）翻板机

(a)

图 1-17　模板系统（一）

（a）组合钢模 1

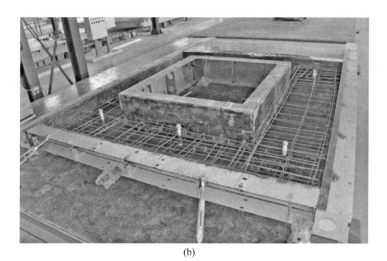

(b)

图 1-17　模板系统（二）

（b）组合钢模 2

（3）浇筑混凝土前，模板内的杂物应清理干净；

（4）对清水混凝土工程及装饰混凝土工程，应使用能达到设计效果的模板；

（5）用作模板的地坪、胎模等应平整光洁，不得产生影响构件质量的下沉、裂缝、起砂或起鼓；

（6）固定在模板上的预埋件、预留孔和预留洞均不得遗漏，且应安装牢固；

（7）预制构件模板允许偏差，2m 靠尺和塞尺检查，拉线和尺量检查。

任务 1.2　装配式混凝土建筑材料检验

任务引入

　　装配式建筑是建筑产业化中装配式化施工环节中的直观表现，是将工厂生产的预制部件在工地现场装配而成的建筑。全流程应为标准化设计、工厂化生产、装配化施工、一体化装修、信息化管理和智能化应用。装配式建筑具有质量稳定、能耗低、污染低、生产效率高、安全事故率低、劳动强度小、作业条件好等优势。

　　材料是建筑工程的实体，要满足这些优势，必须在材料上下功夫，提高装配式住宅建筑工程质量，须紧抓工程材料的质量控制。

　　制作预制装配式混凝土构件的主要原材料有钢材、混凝土等。以下就水泥、细骨料、粗骨料、钢筋等 9 种材料的进场复检进行讲解，材料只有检验合格后方可投入使用。

任务实施

1.2.1　水泥质量检验

1. 水泥进场检验规定

运抵工厂的水泥，应按批（散装每 500t 为一批，袋装每 200t 为一批，不足时也按一

13

批计）对同厂家、同批号、同品种、同强度等级、同出厂日期的水泥进行强度、细度、安定性和凝结时间等项目检验。使用过程中，对出厂日期超过 3 个月（快硬水泥超过 1 个月）或对水泥质量有怀疑时，按上述规定进行复验。

2. 水泥检验项目

（1）密度：硅酸盐水泥的密度主要取决于其熟料矿物组成，一般在 $3.1 \sim 3.2 \mathrm{g/m}^2$ 之间。将水泥倒入装有一定量液体介质的李氏瓶内，并使液体介质充分地浸透水泥颗粒。根据水泥的体积等于其所排出的液体体积，从而算出水泥单位体积的质量即为密度。为使测定的水泥不产生水化反应，液体介质采用无水煤油。

（2）强度：水泥强度等级划分采用《水泥胶矿强度检验方法（ISO 法）》GB/T 17671—1999 规定的方法，将水泥、标准砂和水按 1：3：0.5 的比例，制成 $40\mathrm{mm} \times 40\mathrm{mm} \times 160\mathrm{mm}$ 的胶砂强度试件。试件连同模具一起在标准条件中养护 24h，然后脱模在水中养护至试验龄期。龄期到达后进行强度试验，并记录数据，形成水泥强度检验报告。对于达不到强度要求的水泥一律不得使用。

（3）体积安定性：水泥体积安定性是指水泥在凝结硬化过程中体积变化的均匀性。体积安定性是水泥的一项很重要的指标。如果水泥硬化后产生不均匀的体积变化，即为体积安定性不良。安定性不良会使水泥制品或混凝土构件产生膨胀性裂缝，降低建筑物质量，甚至引起严重事故。体积安定性不良的水泥作废品处理，不能用于工程中。

（4）凝结时间：水泥的凝结时间分为初凝和终凝。自水泥加水拌合算起到水泥浆开始失去可塑性的时间称为初凝时间。自水泥加水拌合算起到水泥浆完全失去可塑性的时间称为终凝时间。凝结时间采用水泥稠度凝结测定仪进行测量，硅酸盐水泥初凝不小于 45min，终凝不大于 390min。普通硅酸盐水泥、矿渣硅酸盐水泥、火山灰质硅酸盐水泥、粉煤灰硅酸盐水泥和复合硅酸盐水泥初凝不小于 45min，终凝不大于 600min。

（5）细度：细度是指水泥颗粒的粗细程度，通常用筛分析法进行检测，包括负压筛析法、水筛法和手工压筛析法。硅酸盐水泥和普通硅酸盐水泥的细度以比表面积表示，其比表面积不小于 $300\mathrm{m}^2/\mathrm{kg}$。矿渣硅酸盐水泥、火山灰质硅酸盐水泥、粉煤灰硅酸盐水泥和复合硅酸盐水泥以筛余表示，$80\mu\mathrm{m}$ 方孔筛筛余不大于 10% 或 $45\mu\mathrm{m}$；方孔筛筛余不大于 30%。

1.2.2 细骨料质量检验

细骨料主要指混凝土中的砂子。

在使用前要对砂的颗粒级配、细度模数等进行检验。将标准筛由大到小排好顺序，将砂加入到最顶层的筛子中。将筛子放到振动筛上，开动振动筛完成砂子分级操作，称出不同筛子上的砂子量，做好记录，得出颗粒级配，并由以上数据计算得出砂子的细度模数。

砂子质量应符合现行国家标准《通混凝土用砂、石质量及检验方法标准》JGJ 52—2006 的规定。砂的粗细程度按细度模数分为粗、中、细、特细四级。砂的颗粒级配可按筛孔公称直径的累计筛余量（以质量百分率计）分成三个级配区，配制混凝土时宜优先选用Ⅱ区砂。

1.2.3 粗骨料质量检验

粗骨料主要指混凝土中的石子。

粗骨料颗粒级配检验：石子采用筛选分析实验方法参见 1.2.2 的方法。石子的公称粒径、石筛孔的公称直径与方孔筛筛孔边长应符合表 1-1 的规定，碎石或卵石的颗粒级配，亦应符合表 1-1 的要求。混凝土用石应采用连续粒级，若仅有单粒级配，可将各单粒级配组合成满足要求的连续级配；也可与连续粒级混合使用，以改善其级配或配成较大粒度的连续粒级。

石筛筛孔的公称直径与方孔筛尺尺寸 表 1-1

级配情况	公称粒级(mm)	累计筛余(%)											
		方孔筛筛孔尺寸(mm)											
		2.36	4.75	9.50	16.0	19.0	26.5	31.5	37.5	53.0	63.0	75.0	90
连续粒级	5~16	95~100	85~100	30~60	0~10	0							
	5~20	95~100	90~100	40~80	—	0~10	0						
	5~25	95~100	90~100	—	30~70	—	0~5	0					
	5~31.5	95~100	90~100	70~90	—	15~45	—	0~5	0				
	5~40	—	95~100	70~90	—	30~65	—	—	0~5	0			
单粒级	5~10	95~100	80~100	0~15	0								
	10~16		95~100	80~100	0~15								
	10~20		95~100	85~100		0~15	0						
	16~25			95~100	55~70	25~40	0~10						
	16~31.5		95~100		85~100			0~10	0				
	20~40			95~100		80~100			0~10	0			
	40~80					95~100			70~100		30~60	0~10	0

1.2.4 减水剂质量检验

减水剂品种应通过试验室进行试配后确定，进场前要求提供商出具合格证和质保单等。减水剂产品应均匀、稳定。为此，应根据减水剂品种，定期选测下列项目：固体含量或含水量、pH 值、密度、松散容重、表面张力、起泡性、氯化物含量、主要成分含量（如硫酸盐含量、还原糖含量、木质素含量等）、净浆流动度、净浆减水率、砂浆减水率、砂浆含气量等。其质量应符合现行国家标准《混凝土外加剂》GB 8076—2008 的规定。

1.2.5 钢材质量检验

钢材进场前要求提供商出具合格证和质保单，按批次对其抗拉强度、屈服强度、伸长率等指标进行检验。对于承受动荷载的构件，还需要检验钢材的耐疲劳性能。相关的检测数据应符合《钢筋混凝土用钢 第 2 部分：热轧带肋钢筋》GB 1499.2—2007 等标准的规定。

1.2.6 夹心保温材料质量检验

预制夹心保温构件的保温材料宜采用挤塑型聚苯乙烯板（XPS）、硬泡聚氨酯（PUR）等轻质高效保温材料，选用时除应考虑材料的导热系数外，还应考虑材料的吸水率、燃烧性能、强度等指标。进场前要求供应商出具合格证和质保单，并对产品外观、尺寸、防火性能等进行检验。保温材料除应符合设计要求外，尚应符合现行国家标准《建筑绝热材料性能选定指南》GB/T 17369—2014 的规定。夹心保温材料应委托具有相应资质的检测机构进行检测。

1.2.7 预埋件质量检验

预埋件的材料、品种应按照构件制作图要求进行制作并准确定位。各种预埋件进场前要求供应商出具合格证和质保单，并对产品外观、尺寸、强度、防火性能、耐高温性能等进行检验。预埋件应委托具有相应资质的检测机构进行检测。

1.2.8 混凝土质量检验

1. 混凝土配比要求

混凝土配合比设计应符合行业标准《普通混凝土配合比设计规程》JGJ 55—2011 的相关规定和设计要求。混凝土配合比已有必要的技术说明，包括生产时的调整要求。混凝土中氯化物和碱总含量应符合现行国家标准《混凝土结构设计规范》GB 50010—2010（2015版）的相关规定和设计要求。混凝土中不得加对钢材有锈蚀作用的外加剂。预制构件混凝土强度等级不宜低于 C30；预应力混凝土构件的混凝土强度等级不宜低于 C40，且不应低于 C30。

2. 混凝土坍落度检测

混凝土的坍落度，应根据预制构件的结构断面、钢筋含量、运输距离、浇筑方法、运输方式、振捣能力和气候等条件选定，在选定配合比时应综合考虑，并宜采用较小的坍落度为宜。

3. 混凝土强度检验

混凝土强度检验时，每 100 盘，但不超过 100m³ 的同配比混凝土，取样不少于一次，不足 100 盘和 100m³ 的混凝土取样不少于一次，当同配比混凝土超过 100m³ 时，每 200m³ 取样不少于一次；每次取样应至少留置一组标准养护试件，同条件养护试件的留置组数应根据实际需要确定。

1.2.9 装配式建筑连接材料检测

套筒灌浆连接中，灌浆料的抗压强度应在施工现场制作平行试件进行检测，套筒灌浆料抗压强度的检测方法应符合现行的行业标准《钢筋连接用套筒灌浆料》JG/T 408—2019 的规定，浆锚搭接灌浆料抗压强度的检测方法应符合现行的国家标准《水泥基灌浆材料应用技术规范》GB/T 50448—2015 的规定。

采用坐浆施工时，坐浆料的抗压强度应在施工现场制作平行试件进行检测，检测方法应符合现行的行业标准《建筑砂浆基本性能试验方法标准》JGJ/T 70—2009 的规定。

钢筋采用套筒灌浆连接时，接头强度应在施工现场制作平行试件进行检测，检测方法应符合现行的行业标准《钢筋套筒灌浆连接应用技术规程》JGJ 355—2015 的规定。

思考与练习

1. 简述常见的预制构件生产工艺和设备。
2. 预制构件生产模具应满足哪些方面的要求？
3. 简述预制构件模具组装过程中的注意事项。
4. 简述预制构件生产所需材料的检测内容和检测方法。

项目 2

叠合楼板生产

Chapter 02

学习目标

1. 通过本项目的学习，能够对预制叠合楼板的概念有所认识和了解。能够对预制叠合板的组成及构造有一定的认知。了解预制叠合楼板的应用领域。

2. 在叠合楼板生产环节，了解叠合楼板的生产工艺流程，掌握叠合楼板生产环节各生产操作的注意事项，能够依据本书中的生产流程及注意事项完成叠合楼板的生产。通过对本项目学习，能够指导他人进行叠合楼板的生产及把控生产环节中叠合楼板的质量。

课程思政

帮助学生提高对装配式建筑相关国家标准、规范的认知，自觉遵守建筑职业精神和职业规范，树立建筑业终身负责制的法制观念，培养安全作业意识和规范作业习惯。

通过项目训练、工匠引领、精心识图、精艺生产、精准质检，培养学生精益求精的工匠精神。培养学生愿意从事建筑相关岗位工作，爱岗敬业、吃苦耐劳、团结协作的职业品格。

项目导入

随着国家建筑工业化的实施，装配式结构工程得到大力的推广，预制叠合楼板随之而产生，预制叠合楼板在实际工程中已初步投入使用。对于预制叠合楼板的分类、构成及生产尚需进一步阐述。本项目从两个方面进行叠合楼板的阐述：任务 2.1　初识预制叠合楼板；任务 2.2　叠合楼板构件生产，重点讲解叠合楼板的生产工艺；任务 2.3　课内实践项目——叠合楼板生产训练。

思维导图

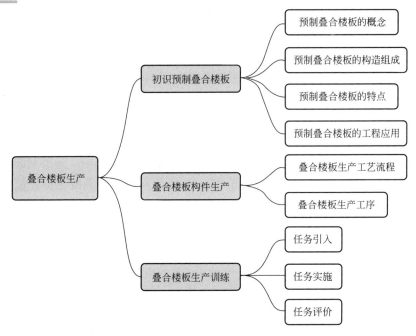

任务 2.1 初识预制叠合楼板

任务引入

本节进行预制叠合楼板的产生背景、构造组成进行讲解。本节内容从两个部分进行学习：一是预制叠合楼板产生背景、定义及结构等，本部分内容主要对预制叠合楼板的概念、构造组成做总体上的讲解，让学习者对预制叠合楼板有初步的认识；二是预制叠合楼板的特点及其工程应用，本部分内容对预制叠合楼板的优缺点进行阐述，介绍其在工程领域的应用。

2.1.1
初识预制
叠合楼板

任务实施

2.1.1 预制叠合楼板的概念

1. 叠合楼板的产生背景

在建筑工程中，现浇钢筋混凝土楼板具有良好的整体性，抗震性好等诸多优点；但由于模板工程量大、周转时间长而难以实现施工现场工业化。预制板在工业厂房易于实现建筑结构的产业化，预制板的生产不受外界环境（雨天、风雪等）的影响，其质量可以得到保证，而且施工速度快、模板及支撑可以周转使用、节约用料；但拼装预制楼板的节点处理技术要求高，楼板的整体性差、不利于抗震，防渗效果差。为了充分利用现浇板和预制板的各自优势，把两者结合在一起，产生了一种新型板：预制叠合楼板。

2. 预制混凝土楼板的分类

预制混凝土楼板根据其生产工艺的不同分为预制混凝土叠合楼板、预制混凝土实心板、预制混凝土空心板和预制混凝土双 T 板。其中预制混凝土叠合楼板又可分为两类：桁架钢筋混凝土叠合楼板、预制带肋底板混凝土叠合楼板。

桁架钢筋混凝土叠合楼板：桁架钢筋混凝土叠合楼板下部为预制混凝土板，外露部分为桁架钢筋。叠合楼板在工地安装到位后要进行二次浇筑，从而成为整体实心楼板。桁架钢筋混凝土叠合板的预制层在待现浇区预留桁架钢筋。桁架钢筋的主要作用是将后浇筑的混凝土层与预制底板联结成整体，并在制作和安装过程中提供一定刚度。桁架钢筋应沿主要受力方向布置；距板边不应大于 300mm，间距不宜大于 600mm；桁架钢筋弦杆钢筋直径不宜小于 8mm，腹杆钢筋直径不应小于 4mm；桁架钢筋弦杆混凝土保护层厚度不应小于 15mm。如图 2-1 所示。

图 2-1 桁架钢筋混凝土叠合楼板

预制带肋底板混凝土叠合楼板：预制带肋混凝土叠合楼板，又称 PK 板，是一种新型的装配整体式预应力混凝土楼板。它是以倒"T"形预应力混凝土预制带肋薄板为底板，肋上预留椭圆形孔，孔内穿置横向预应力受力钢筋，然后再浇筑叠合层混凝土从而形成整体双向楼板。

预应力带肋混凝土叠合楼板具有厚度薄、质量轻等特点，并且采用预应力可以极大地提高混凝土的抗裂性能。由于采用了 T 形肋，且肋上预留钢筋穿过的孔洞，新老混凝土能够实现良好的互相咬合。

2.1.2 预制叠合楼板的构造组成

预制叠合楼板由两部分组成：底部预制混凝土板和现浇层组成。利用预制混凝土板作为底模，将其吊放到制作好的钢梁或稳固支撑上，接着安放绑扎好的双向钢筋，然后浇筑混凝土面层，如图 2-2 所示。根据叠合面的构造处理不同，分为增设抗剪钢筋与不设置抗剪钢筋两种叠合面，前者适用于叠合面承受较大剪力的情况，后者一般用于叠合面承受剪力较小的情况。

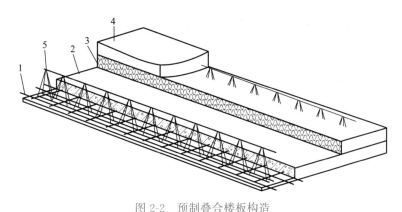

图 2-2　预制叠合楼板构造

1—叠合楼板底筋；2—预制混凝土板；3—夹心保温板；4—现浇混凝土层；5—桁架筋

2.1.3　预制叠合楼板的特点

1. 预制叠合楼板的优点

预制叠合楼板的优点包括：叠合楼板为叠合结构的一部分，是预制和现浇相结合的一种结构形式。叠合楼板的连接牢固、构造简单，远远优于目前常用的空心板；叠合板的平面尺寸灵活，便于在板上开洞，能适应建筑开间、进深多变和开洞等要求；单个构件重量轻、弹性好，便于运输安装，可利用现有的施工机械和设备；叠合楼板全高度小于空心楼板全高度，因而可减少高层建筑的总高度。叠合楼板集现浇和预制的优点于一身，是一种很有发展前途的楼盖形式。叠合楼板具有现浇楼板的整体性、刚度大、抗裂性好、不增加钢筋消耗、节约模板等优点。又因现浇楼板不需支模，还有大块预制混凝土隔墙板可在结构施工阶段同时吊装，从而可提前插入装修工程，缩短整个工程的工期。

2. 预制叠合楼板的缺点

预制叠合楼板的缺点包括：叠合楼板由预制厂运往施工现场组装过程中运输、堆放管理难度大；预制叠合楼板运至现场需二次浇筑，浇筑时为保证叠合面的浇筑质量，要对接触面进行人工凿毛处理，增设钢筋，确保新旧混凝土的良好整体受力，接触面的处理、叠合楼板接缝的拼接构造复杂，对现场施工技术要求高；在构件吊装、移运过程当中构件脱落、碰撞损坏等。

2.1.4　预制叠合楼板的工程应用

1. 预制叠合楼板的应用范围

楼板跨度在 8m 以内的，可广泛用于旅馆、办公楼、学校、住宅、医院、仓库、停车场、多层工业厂房等各种房屋建筑工程。新型预应力混凝土叠合楼板可应用于大跨度结构的图书馆、食堂、会议厅等建筑工程。

2. 预制叠合楼板的展望

预制叠合楼板相比于传统现浇楼板、预制板而言有其无法比拟的优点，但其管理、节点拼装技术难题等需进一步优化。随着装配式施工技术的发展，预制叠合楼板在房地产住宅中将得到大力推广，我国的住宅房产将真正地实现标准化、产业化。

任务 2.2　叠合楼板构件生产

任务引入

本节将详细讲解叠合楼板的生产过程及其注意事项。内容讲解的思路即为叠合楼板的生产过程：模台清理→模板组装→钢筋排布与绑扎→预埋件埋置→混凝土浇筑→拉毛→拆模等工序。对各生产工序中的操作要点结合图片进行讲解。

任务实施

2.2.1　叠合楼板生产工艺流程

叠合楼板生产工艺流程图如图 2-3 所示，由图中可以看出，叠合楼板的生产工序大致为：模板组装→钢筋及预埋件安放→混凝土浇筑→养护→拆模。前一工序的成果质量将直接影响后一工序的开展。故在叠合楼板生产工序操作过程中，要统筹控制各工序的成果质量。

微课 2.2.1　　　微课 2.2.2
叠合楼板 1　　　叠合楼板 2

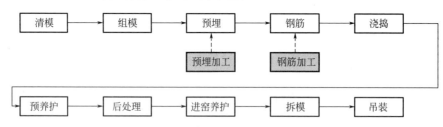

图 2-3　叠合楼板生产工艺流程图

2.2.2　叠合楼板生产工序

1. 模台清理

在清理模台过程中，所涉及的工具用具包括：铁铲、锤子、扫把、拖把、簸箕、斗车、电动扳手、毛刷等。部分模台清理工具示意图如图 2-4 所示。

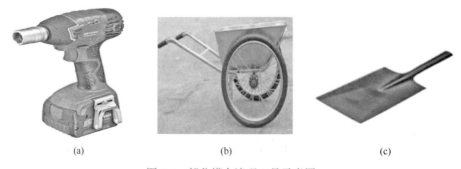

(a)　　　　　　　　　(b)　　　　　　　　　(c)

图 2-4　部分模台清理工具示意图
（a）电动扳手；（b）斗车；（c）铁铲

主要的操作内容可分为如下几方面：①用铁锹清理模台表面，并将模台表面的混凝土残渣扫入斗车中，集中一次运出构件生产车间。②对照构件生产图纸、模具清单及计划表，将后续构件生产需要用到的模具及模具附件清点到位，应严格保证各类模具的数量及种类与模具清单及构件生产图纸相符。③量取基准线，用钢卷尺量取基准线，并在模台相应位置做标记。然后将边模依据基准线固定在台模上。④边模固定完毕之后，其余模板按照构件生产图纸，依据与边模的相对位置进行固定。并将磁盒等附件一并放好。⑤最后将模台上无关的工具及物料清理干净，启动流水线开关，台模进入下一工位。部分操作步骤示意图如图 2-5～图 2-7 所示。

图 2-5 清理模台

图 2-6 固定边模

在模台清理环节，为了保证成品构件外观美观。在清理过程中务必注意重点清理模具、台车与混凝土构件的结合面处（如模具内侧面和台模表面）。模具端头处必须拼接严密，防止漏浆。模具定位安装中，要保证模具安装尺寸正确，且与构件生产图纸相符。

图 2-7　摆放模具和磁盒

2. 模板组装

在模板组装过程中，所涉及的主要工具用具包括：电动扳手、毛刷、棘轮扳手、卷尺、磁盒撬棍、锤子、压力喷壶等，部分工具如图 2-8 所示。所消耗的材料用品包括：模具、固模组件、M16 螺栓螺母、隔离剂等。

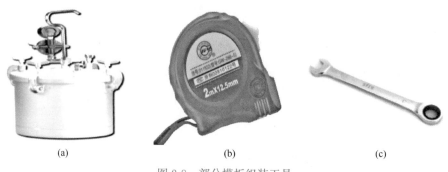

| (a) | (b) | (c) |

图 2-8　部分模板组装工具
（a）压力喷壶；（b）卷尺；（c）棘轮扳手

在模板组装过程中主要的操作步骤和注意事项包括：①调整边模的位置，使边模的位置与基准线的位置相重合。边模是其余模板安装的参照物，边模位置及角度的正确与否，直接关系到剩余模板的安装。②基于边模的位置，进行其余模板的安装。在模板安装完毕之后，检查模具拼装尺寸与质量是否符合要求。确认后用磁盒等固模组件固定模具侧边。③使用压力喷壶喷涂隔离剂，喷涂时要控制隔离剂的喷涂量。对于边角等细节处，应注意用毛刷进行涂刷。④清理模台上无关的物品，流转台模，进入下一操作工位。部分操作如图 2-9、图 2-10 所示。

在模板组装过程中，模具间必须连接紧密，防止移动或混凝土渗漏，以保障预制构件的外观质量。模具尺寸应确保满足构件生产图纸及标准。

图 2-9　固定边模

图 2-10　涂抹隔离剂

3. 预埋件埋置

在预埋件埋置过程中,所涉及的主要工具用具包括:卷尺、钢角尺、裁切刀、定位工装、扎钩、剪管器等,所用到的材料包括:线盒、线管、排水管、快粘胶、胶块、锚栓套筒、扎丝、木盒等。部分预埋件埋置工具如图 2-11 所示。

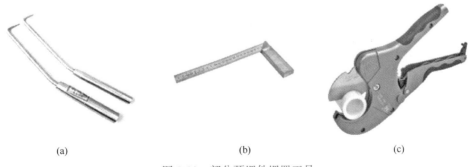

(a)　　　　　　　　　　(b)　　　　　　　　　　(c)

图 2-11　部分预埋件埋置工具

(a) 扎钩;(b) 钢角尺;(c) 剪管器

25

预埋件的安装是构件生产过程中较重要的环节，属于隐蔽工程的类别。该环节若出错，该预制构件很可能会做报废处理。故在操作过程中要注意如下几方面：①熟悉构件生产图纸，将预埋件分为孔洞预埋、水电预埋等类型，按照不同的预埋类型做好人员分工。发挥专人特长，将相应的责任具体到个人。对于预埋件及材料工具，按照工料表事先做好安排。②对于预留的孔洞，一般采用预埋钢套管和PVC管的方法。根据实际情况决定是否重复使用。对于预埋的线盒等部件，要注意预埋的位置。③预埋完毕之后，再次进行预埋工序的检查。重点需要对照构件生产图纸，检查预埋件的位置和数量是否正确。检查无误后，清理无关用品，流转台模。部分操作步骤如图2-12和图2-13所示。

图 2-12　线盒预埋

图 2-13　管线预埋

由于该工序操作具备隐蔽工程的性质，故在作业过程中要特别注意预埋件不得少埋、漏埋或错埋。预埋件应固定牢固，必要时可采用辅助措施进行定位。对于开口部位，应使用胶带进行管口封堵，防止混凝土灌入，堵塞孔道。

4. 钢筋工程

该工序所涉及的主要工具用具包括：卷尺、扎钩、钢筋钳等。所涉及的材料用品包括：扎丝、垫条、分布筋（网片）、成品桁架筋、加强筋。部分钢筋工程部分工具示意图如图 2-14 所示。

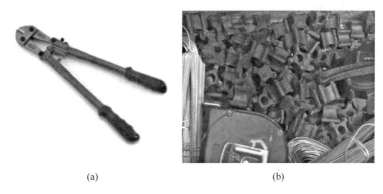

(a)　　　　　　　　　　(b)

图 2-14　钢筋工程工具示意图

（a）钢筋钳；（b）垫片（垫条）

钢筋工程属于隐蔽工程的类别，故无论对于预制构件还是现浇构件，都应严格把控钢筋工序的质量。对于预制构件，需注意如下几方面的要求：①首先将垫片或者垫条均匀铺放在模台上。铺放的数量及间距应根据构件的尺寸和质量不同进行调整。但要满足构件钢筋保护层厚度的要求。②对于板底钢筋设置，可直接采用钢筋工加工完毕的钢筋网片，也可在模台上直接进行钢筋网片的绑扎。无论采用哪种方式，都应注意钢筋的间距及钢筋的位置。位置调整到位后，用钢筋钳在相应位置进行剪切以留出预埋孔洞，方便预埋件的放置。③参照图纸要求放置桁架筋。④将分布筋穿过桁架筋并按要求绑扎分布筋与加强筋。检查无误后，流转模台。相关操作工序示意图如图 2-15～图 2-17 所示。

图 2-15　放置垫条

图 2-16　排布分布筋

图 2-17　排布桁架筋

由于钢筋工程的隐蔽性和重要性，在钢筋排布和绑扎过程中需要特别注意检查如下几点：①垫条或者垫块的数量及位置，以免出现由于垫条、垫块漏放或不足导致钢筋保护层不够。②局部构造筋或者加强筋的安放是否符合要求，避免出现抗裂、加强钢筋漏放、错放或少放。③在使用钢筋之前，检查钢筋种类、规格是否与图纸对应，钢筋加工过程中是否引起了钢筋成型尺寸错误或弯起位置有误。④桁架钢筋、箍筋高度控制是否到位。⑤钢筋绑扎是否牢固，避免出现在混凝土浇捣时由于混凝土的冲击力致使钢筋偏位。

5. 混凝土浇筑

混凝土浇筑过程中所使用的工具包括：抹子、铁铲、灰桶等，部分工具示意图如图 2-18所示。

在混凝土浇筑之前，应对钢筋工程做进一步的检查和纠正：首先，检查钢筋保护层厚度是否符合要求，垫条、垫块等应均匀、合理分布。在板底钢筋绑扎完毕之后，对侧面伸出筋的长度进行量测定位。必要时使用辅助措施进行固定。底筋末端位置可以使用木板、

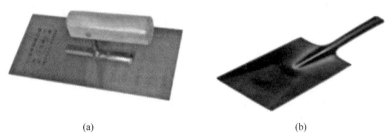

(a)　　　　　　　　　　　　　　　(b)

图 2-18　混凝土浇筑工具示意图

（a）铁抹子；（b）铁铲

钢板支撑固定，使其在浇捣过程中不偏位。混凝土浇筑时，要将桁架保护罩置于桁架筋上，预埋线盒视情况也需要覆以保护罩，防止混凝土覆盖。手动操作布料机进行混凝土的浇筑，根据试件的大小控制布料机的混凝土的出量。浇筑时注意浇筑均匀，避免或者减少人工摊铺混凝土。中途补料应及时，同时使用铁铲、抹子协助浇筑，及时清理浇出模具的混凝土。浇筑完毕之后，用铁铲及木抹子进行混凝土平整工作。模具内多出的料要及时清理掉，根据构件生产图纸，控制混凝土浇筑的厚度。浇筑完毕之后，开动模台震动模式，进行混凝土振捣。振捣的频率及时间视混凝土的浇筑量而定。避免混凝土长时间的振捣，导致出现离析的现象。振捣完毕之后，取出桁架筋和线盒保护罩，流转模台，进入下一步操作。部分操作工序示意图如图 2-19～图 2-21 所示。

图 2-19　预埋线盒保护罩

6. 混凝土拉毛

对于叠合楼板生产，拉毛是必不可少的一个工序。通过人为的混凝土表面制作粗糙面，以增加预制部分与现浇部分的咬合，提高构件的整体性。拉毛宜在混凝土浇筑完毕 2h 内完成（初凝前），拉毛的深度根据设计要求，控制在 4～6mm。拉毛前应将混凝土表面浮浆抹去，外渗的混凝土及时清理干净。对于边角部位，可采用铁耙等工具进行补拉毛。拉毛完毕之后，可将叠合楼板构件运至养护窑中进行养护。构件养护时间根据预制工厂内实际情况确定。部分操作工序如图 2-22～图 2-24 所示。

图 2-20　混凝土浇筑

图 2-21　混凝土平整工作

图 2-22　混凝土拉毛

图 2-23 细部处理

图 2-24 清理外渗混凝土

7. 拆模及起吊

构件养护完毕之后进行模板的拆除工作。部分拆模工具如图 2-25 所示。

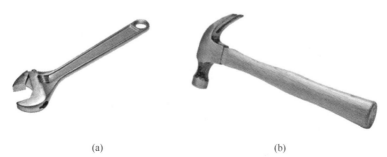

(a)   (b)

图 2-25 模板拆模工具示意图

（a）棘轮扳手；（b）锤子

模板拆除的工序步骤如下：首先，使用磁盒撬棍松掉磁盒，并将磁盒清离至专用存放架上。然后使用扳手松掉钢模/铝模间的连接，将螺栓螺母放置在专用存放处统一收集存放。接着使用扁头撬棍以木方垫块为支撑撬开模具与构件，将撬开的模具放置在指定位置上。对于部分体积较大或质量较大的构件，可使用起吊构件，然后用铁锤敲击模板，使其与构件脱离。

在拆模工程中需要注意在使用扁头撬棍撬开模板时，不得以构件边棱为支撑点。模板拆除之后，检查构件内的预埋套筒、线盒是否进浆，特别是套筒等，必须清理干净。模板拆模示意图如图 2-26 所示。

图 2-26　模板拆模示意图

模板清理完毕之后，进行叠合楼板的起吊。首先移动行车至起吊点，将吊钩连接至起吊点桁架上。缓慢提升行车至楼板脱离模台，此时拆模人员可敲除部分模具和缺口填充。楼板完全吊起之后，将楼板运送至检查修补架处，由质检人员检验合格后粘贴标签并转运至存放架处，不合格者置于修补架上卸除吊具后安排修补人员修补。楼板的存放位置预先铺好垫木后缓慢放下楼板，注意调整使其正确架放在垫木上，之后卸下吊钩，将行车投入下一块楼板的起吊作业中。吊装完毕后，回收图纸及质量文件。将空模台转运至下一工位。在叠合楼板起吊过程中，由于构件质量较大，吊装人员应注意安全。构件养护强度不达标者，严禁吊装。在粘贴标签时，应注意标签上的信息应与实物相符。构件吊装示意图如图 2-27 和图 2-28 所示。

图 2-27　楼板起吊示意图

图 2-28　楼板安放示意图

任务 2.3　课内实践项目——叠合楼板生产训练

任务引入

　　本节内容为课内实践教学环节，根据本章的学习内容，组织学生以小组的方式协作完成叠合楼板的生产操作，并对小组成果进行评价打分。通过实操训练，加深学生对叠合楼板生产过程中钢筋、预埋件及混凝土浇筑各工序注意事项的掌握，提高学生动手能力及理论运用能力。

任务实施

1. 项目背景及介绍

　　本次课内实践项目依托实际的建设工程——富阳区观前村某教师公寓项目。本项目工程为装配式混凝土建筑，学生在了解该项目概况基础之上，进行叠合楼板生产训练。通过标准的叠合板构件生产图纸，完成叠合楼板模板——钢筋及预埋件——混凝土三大模块的生产方案及实操训练，难易程度上适合职业院校的学生。

2. 实践目标

（1）技能目标

能正确识读叠合楼板生产图纸；

能掌握叠合楼板的生产工艺流程；

能进行叠合楼板生产方案的设计；

能进行叠合楼板生产的实操。

（2）素质目标

具有学习、分析和解决叠合楼板生产问题的能力；

能胜任预制构件生产指导、质量管理的岗位。

（3）知识目标

掌握叠合楼板生产图纸的识读；

掌握叠合楼板生产工艺流程；

掌握叠合楼板生产方案设计要点。

3. 实践内容

将班级学生进行分工，根据所提供的叠合楼板生产图纸，进行叠合楼板生产方案的设计。完成叠合楼板生产方案的编写，并依据编写的生产方案进行叠合楼板三大模块的实操训练。主要实践内容如下：

（1）编写叠合楼板生产方案，包括各环节的质量控制点及控制措施；

（2）根据小组内分工，完成叠合楼板的生产；

（3）在叠合楼板的生产环节，完成各环节生产质量的检验并进行记录（生产过程质量验收记录表见表2-4）。

任务评价

4. 成绩评定参考标准（表2-1）

成绩评定标准　　　　　　　　　　　　　　　　　　　　　　表2-1

任务	内容及评分标准	总分
叠合楼板生产 工艺训练	(1)叠合楼板生产方案(35分)：模板生产方案10分，钢筋及预埋件生产方案15分，混凝土生产方案10分。 (2)叠合楼板生产实操(50分)：小组合作10分，模板组装15分，钢筋及预埋件安放与绑扎15分，混凝土工程浇筑10分。 (3)生产过程质量验收记录表填写的完整性15分	100分

5. 课时安排

"叠合楼板生产工艺训练"项目，总课时为8学时，具体安排见表2-2。

项目课时安排　　　　　　　　　　　　　　　　　　　　　　表2-2

序号	实践内容	学时	备注
1	叠合楼板生产方案：通过讨论、查询资料等方式，以小组为单位，完成叠合楼板生产方案的编写	4	若课堂时间不足，学生可利用课后时间完成
2	叠合楼板实操：完成叠合楼板的生产操作，并填写生产过程质量验收记录表	4	
合计		8	

6. 注意事项

（1）课前学习

学习回顾叠合楼板生产工艺，重点复习模板工程、钢筋及预埋件工程和混凝土工程的生产操作要点及注意事项。

（2）资料准备（或仪器设备等）

1）教材、装配式混凝土结构相关制图标准及生产规范、纸、笔。

2）相关生产工具由教师准备。

3）完成任务过程中小组成员之间可互相讨论、协助，增强团队协作能力培养。

7. 应交资料

（1）叠合楼板生产方案；

（2）叠合楼板生产分工表；

（3）叠合楼板构件生产过程图片；

（4）生产过程质量验收记录表。

8. 小组任务分工表和生产过程质量验收记录表（表 2-3、表 2-4）

小组任务分工表　　　　　　　　　　　　　　　　　　　　表 2-3

项目名称		组别	
工位长			
品质管理员			
模板工			
钢筋工			
混凝土工			
小组合作情况（满分 10 分）			

生产过程质量验收记录表　　　　　　　　　　　　　　　　表 2-4

项目名称				
组别				
检查项目		允许偏差(mm)	检查结果	是否满足
构件模板安装	长度			
	宽度			
	厚度			
	侧向弯曲			
	表面平整度			
	相邻模板表面高差			
	对角线差			
	翘曲			
钢筋安装	钢筋网　　长、宽			
	钢筋网　　网眼尺寸			
	钢筋骨架　　长			
	钢筋骨架　　宽、高			
	纵向受力钢筋　　锚固长度			
	纵向受力钢筋　　间距			
	纵向受力钢筋　　排距			
	钢筋保护层厚度			
	箍筋间距			
	钢筋弯起点			
	钢筋外露长度			

续表

项目名称				
组别				
	检查项目	允许偏差(mm)	检查结果	是否满足
预埋件安装	中心线位置偏移			
	预埋管、预留孔洞中心位置			
	预埋螺栓中心线位置			
	预埋螺栓外露长度			

思考与练习

1. 简述叠合楼板的优缺点。
2. 简述叠合楼板模板工序操作注意事项。
3. 简述叠合楼板钢筋工序操作注意事项。
4. 简述叠合楼板混凝土工序操作注意事项。

项目**3**

Chapter 03

叠合梁生产

学习目标

本项目内容围绕叠合梁生产过程展开，依照叠合梁生产工序操作，对各工序的操作内容及操作期间的注意事项进行重点讲解。通过本章节内容的学习，学习者首先应能对叠合梁基本概念及工程应用有基本的掌握。并能熟知各工序的操作内容及质量控制点，具备指导工人施工及质量控制的能力。

课程思政

养成安全生产和质量管理的责任意识；具备叠合楼板生产各工序间沟通协调的能力；养成自主学习专业新知识的态度；养成工程师从业所需吃苦耐劳的品质。

通过项目训练，培养学生具备严谨求实、精益求精的工匠精神，培养学生从事建筑相关岗位工作的意愿以及爱岗敬业、吃苦耐劳、团结协作的职业品格。

项目导入

叠合梁构件与叠合楼板构件是装配式混凝土建筑中重要的预制水平构件。作为重要的水平构件，由于需处理与竖向构件的连接，在预埋件方面有较高的操作要求及质量控制。本项目以标准的预制叠合梁生产为例，从模板→钢筋、预埋件→拆模等方面进行详细讲解。指导学习者完成标准叠合梁构件的生产。

思维导图

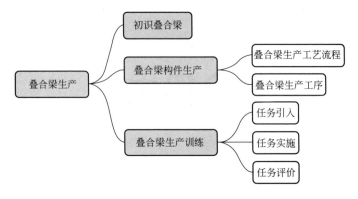

任务 3.1　初识叠合梁

任务引入

　　本节以叠合梁分类、构造要求及其他相关知识展开讲解。让学习者对预制叠合梁构件有较充分的了解。本节内容可概括如下：一是叠合梁分类，主要讲解了目前工程中常用的叠合梁种类，掌握叠合梁分类的标准及各自特点。叠合梁以箍筋的设置形式不同，可分为开口箍与闭口箍，本节详细讲解了两者的构造样式。二是以知识拓展的形式，对其他知识进行延伸，加强学习者的学习效果。

3.1.1
初识叠合梁

任务实施

　　叠合梁是分两次浇捣混凝土的梁：第一次在预制场做成预制梁；第二次在施工现场进行。当预制梁吊装安放完成后，再浇捣上部的混凝土使其连成整体，如图 3-1 所示。

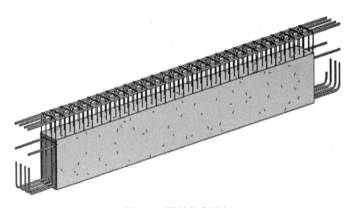

图 3-1　预制叠合楼板

　　在目前的建筑工程领域，预制混凝土叠合梁的箍筋的设置方式有两种——闭口箍与组合开口箍，如图 3-2 所示。组合开口箍是自国外引进，是方便叠合梁施工的一种箍筋设置方式；而闭口箍是目前国内预制混凝土叠合梁施工中最常用的箍筋设置方式。组合开口箍不能够被国内学者所接受，原因是组合开口箍不能形成闭合箍筋，从而导致受力性能方面有缺陷；但闭口箍的设置，会导致绑扎支座钢筋时的施工不便。

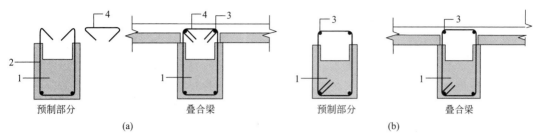

图 3-2 叠合梁箍筋设置形式

（a）组合开口箍构造；（b）闭口箍构造

1—预制混凝土；2—开口箍筋；3—纵向钢筋；4—闭口箍筋

为了增加与后浇混凝土的粘结，在预制叠合梁的两端，通常会设置键槽（键槽常见于叠合梁、预制剪力墙构件），见图 3-3 所示。键槽是指预制构件混凝土表面规则且连续的凹凸构造，其可实现预制构件和后浇混凝土的共同受力作用。键槽的尺寸和数量应经计算确定。对于预制梁端面的键槽，其深度不宜小于 30mm，宽度不宜小于深度的 3 倍且不宜大于深度的 10 倍；键槽可贯通截面，当不贯通时，槽口距离截面边缘不宜小于 50mm；键槽间距宜等于键槽宽度；键槽端部斜面倾角不宜大于 30°。对于预制剪力墙侧面的键槽，其深度不宜小于 20mm，宽度不宜小于深度的 3 倍且不宜大于深度的 10 倍；键槽间距宜等于键槽宽度；键槽端部斜面倾角不宜大于 30°。对于预制柱底部的键槽，其深度不宜小于 30mm；键槽端部斜面倾角不宜大于 30°。

图 3-3 叠合梁键槽设置形式

任务 3.2　叠合梁构件生产

任务引入

　　本节以叠合梁的生产为重点，依次讲解叠合梁的模台清理→钢筋绑扎→模板组装→预埋件埋置→工位安装→混凝土浇筑→拉毛→拆模等工序。其中对于叠合梁构件，钢筋及预埋件工位需做重点掌握，各生产工序中的操作要点结合图片进行讲解。通过本节内容的学习，学习者能够独立完成叠合梁的生产，并具备指导他人进行叠合梁生产的能力。

任务实施

3.2.1　叠合梁生产工艺流程

　　叠合梁生产工艺流程图如图 3-4 所示，由图中可以看出，叠合梁的生产工序大致顺序为：钢筋工位→模板工位→钢筋及预埋件安放→模板组装→工位安装→混凝土浇筑→拉毛→拆模→吊装。与叠合楼板生产不同，在叠合梁生产工序中，钢筋绑扎与模板工序可同时进行。绑扎完毕的钢筋笼通过吊机放入清理完毕的模具中。后续进行预埋件工位的安装，待前面工作操作完毕，然后进行混凝土的浇筑，养护完毕即进行拆模。各环节均需进行质量控制，最终才能生产出合格的叠合梁构件。

微课 3.2.1
叠合梁

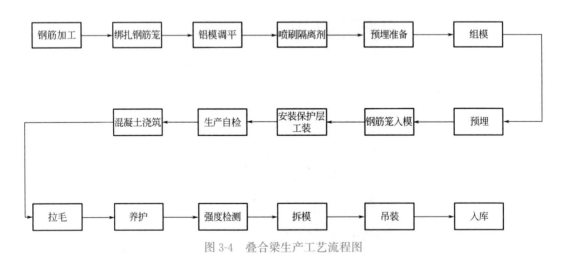

图 3-4　叠合梁生产工艺流程图

3.2.2　叠合梁生产工序

1. 钢筋工位操作

　　钢筋加工主要是指工人根据钢筋下料表，进行钢筋的切割与成型。然后根据叠合梁构件的生产图纸完成钢筋笼的绑扎，主要操作内容如下：

（1）用行车从原材区取需要加工的钢筋吊往底筋临时存放区；

（2）切断机作业人员根据钢筋加工表取相应型号钢筋进行底筋切断，分类整齐摆放于存放架，做好标识，便于进行钢筋分拣以及钢筋二次加工；

（3）弯折机作业人员从存放架上取需弯折钢筋，依钢筋料表，二次加工；

（4）钢筋笼绑扎作业人员整合钢筋笼绑扎所需钢筋型号，运往钢筋笼绑扎工位，根据工艺图纸定尺，完成钢筋笼绑扎，做好标识，运往钢筋笼存放区。相关工序操作如图 3-5 和图 3-6 所示。

图 3-5　钢筋加工及绑扎 1

图 3-6　钢筋加工及绑扎 2

在钢筋工位操作过程中一般会出现如下问题：

（1）钢筋分类不明确导致工时增加；

（2）钢筋下料过长导致成本增加；

（3）加工机械存在偏差；

（4）底筋端头位置偏移、歪斜严重；

（5）钢筋笼两端伸出筋没有做定位工装，导致外露钢筋长度偏长。

为了避免出现以上问题，在叠合梁钢筋工位操作中，要做到以下几点：

（1）在预制现场条件允许的前提下，制作钢筋存放架，进行钢筋存放和分类；

（2）认真核对图纸和熟悉规范要求，精确计算配料单，实际放样和对料单无误后批量加工；钢筋切割下料前，可对工人进行岗前培训；

（3）检查施工机械，校正误差；提高钢筋的下料精度；

（4）在钢筋架放好之后要对伸出筋位置进行定位，并制作工装进行固定，底筋末端位置可以使用泡沫板或木板支撑固定，使其在浇捣过程中不偏位；

（5）现场生产按照工艺图纸箍筋伸出高度和两侧伸出长度做一个可拆卸的定位工装。

2. 模板工位操作

叠合梁模板通常采用铝模，且采用固定模台进行生产。叠合梁模板与其他预制构件模板最大的区别在于模板的宽度与叠合梁构件相等，但模板的长度一般会远大于叠合梁构件的长度。梁两端的端模采用可回收利用或者可临时替代的木模板制作。通过调整木模板的位置，即可决定了梁构件的长度。主要操作内容为：

（1）操作人员检查模具底部地面是否平整，若存在不平等的部位，将模具调平；

（2）操作人员用铁铲将梁铝模上的混凝土残渣清理干净，保证后期成型的构件表面平整；

（3）取扫帚、簸箕，将清理后残渣倒入垃圾斗；

（4）配比隔离剂，利用隔离剂喷壶将隔离剂均匀喷洒到铝模四周，不均匀的部位，用拖把进行涂抹。相关工位操作如图 3-7 所示。

图 3-7　铝模清理

在模板工位操作过程中需注意防止出现以下问题：

（1）由于操作人员熟练度不高或工作态度不认真，导致模具清理不到位；

（2）隔离剂质量不符合要求，成膜时间过长；

（3）隔离剂涂刷不均匀，局部位置涂刷过厚或在阴角位置积液过多；

（4）模台保养不到位引起的锈迹，或模台局部不平整，影响构件成型的外观；

（5）模具底部地面平整变形严重，平整度不够。

为避免出现上述问题，在叠合梁模板工位操作过程中，应注意以下问题：

（1）在清理模板表面时，重点清理模具与混凝土结合面，确保无粘附混凝土浆；

（2）选用合格的隔离剂，成膜时间与流水节拍匹配，提高模板的周转效率，加快构件的生产；

（3）楼梯踏步、墙板及梁柱等容易积液阴角部位用毛刷涂刷；

（4）制定合理模台保养周期，新模台锈迹需打磨干净后方可使用；

（5）操作人员检查模具底部地面是否平整，并将模具调平。

3. 装模及预埋件操作

在叠合梁生产过程中，根据前文可知钢筋绑扎和清模工序可以同时进行。在清模过程中，对于一些部位处的预埋件亦可进行安装。但部分预埋件需等钢筋笼吊入模板之后才能进行安装。并且，前期的模板工位操作并未完全结束。在钢筋笼吊入模板之后，需进行模板的调平工作。为了保证构件尺寸不存在误差，需将模板安装工位固定牢固。装模及预埋件工位的主要操作内容如下：

（1）操作人员按照工艺图纸要求，对需要加工的预埋件进行提前加工；

（2）操作人员按照工艺图纸要求安装梁底模处的预埋件；

（3）操作行车使钢筋笼入模，利用铁锤将销钉打入模具孔洞进行底模安装；

（4）操作人员按照工艺图纸要求安装梁侧边预埋件；

（5）操作人员使用销钉、销片、固定角铁对铝模进行固定。

相关工序操作如图 3-8～图 3-10 所示。

图 3-8　钢筋笼入模

在本工位操作中，常出现以下质量问题：

（1）由于固定工位安装不牢，导致模具间连接不紧密，振捣后跑模、胀模；

图 3-9　铝膜校正和工位安装

图 3-10　预埋件安装

（2）模具组装完成后，焊渣、碎混凝土等残渣未清理，浇筑混凝土时混入混凝土中，从而影响了构件质量；

（3）由于识图出错，导致模具拼装尺寸错误；

（4）预埋吊钉定位不准或未绑防拔钢筋或钢筋过短，为后期构件的起吊安装埋下了安全隐患；

（5）垫条、垫块漏放或不足导致钢筋保护层不够；

（6）钢筋加工成型尺寸错误或弯起位置有误；

（7）钢筋绑扎不牢，浇捣时混凝土的冲击力导致钢筋偏位。

为了避免上述质量问题的出现，在钢筋工位、预埋件安装工位以及固定工位的安装过程中应遵循下列原则：

（1）模具连接、对拉部位需采用工装或磁力模等辅助器具固定，力求模具连接紧固可靠；

（2）工序完成必须按要求自查、自清，在自检合格的基础之上才能提请上级检查验收；

（3）强化装模识图能力培养，模具拼装位置标记醒目标识等；

（4）预留定位时，边用尺测量边用笔做记号，再进行预留；做到细心、细致，减少定位误差；

（5）浇筑前检查钢筋保护层厚度是否符合要求，垫条、块等均匀、合理分布；

（6）钢筋成品需执行三检制，杜绝不良品进入工序；

（7）强化钢筋绑扎手法培训，后处理人员互检过程中及时调整偏位钢筋。

4. 混凝土工位

预制构件混凝土浇筑工程是预制构件生产环节中一项重要的工序。在工序操作中应注意控制工序的操作质量。首先，在混凝土制备环节，应保证其配合比设计合理，满足强度、和易性等方面的要求。对于搅拌站运输来的混凝土拌合物，应采用坍落度方法进行检测。在混凝土振捣过程中，应满足混凝土振捣工艺。保证混凝土振捣密实，不出现离析等不良现象。在混凝土浇筑之前，操作人员应对生产线中构件的尺寸、预埋件的位置等部位进行复检，避免出现由于上一工序施工麻痹大意而留下质量隐患。混凝土构件保护层厚度是一项重要的质量控制点，操作人员根据模具高度和构件高度，将相对应的保护层控制工装搭接于铝模侧面。保护层控制工装应安装牢固，以防后期操作使位置偏移。混凝土浇筑时注意控制下料的速度、下料的部位，避免出现遗撒等现象。同时用振捣棒完成混凝土的振捣，使成型构件密实。混凝土的浇筑和振捣过程如图 3-11 和图 3-12 所示。

图 3-11　混凝土浇筑

根据以往的叠合梁生产经验，在构件生产过程中由于各种原因总会出现相应的质量缺陷。现就叠合梁构件混凝土工程中常见的质量缺陷总结如下：

（1）混凝土浇捣过程中，振捣或振动间隔时间过长，造成混凝土在高度方向出现分层；

（2）混凝土振捣时间控制不佳，若振捣时间过长，则会出现混凝土分层离析，若振捣时间过短或不到位，则会导致叠合梁表面蜂窝麻面等；

图 3-12 混凝土振捣

（3）振捣棒插入位置不正确，或选取下棒位置不合理；因直接接触或振捣造成的混凝土的推力导致预埋件偏位；

（4）模具伸出筋开口未封堵，混凝土出现溢浆且未有效处理，导致溢浆处骨料疏松，出现蜂窝；

（5）下料不均匀或下料过猛，导致局部混凝土下料过多，压坏垫条或垫块等，导致叠合梁构件钢筋保护层厚度不足；

（6）混凝土配合比不佳或材料选取不合理，下料干湿、骨料大等不符合标准，造成离析。

针对以上质量问题，构件生产者应从以下几点进行质量把控：

（1）执行工艺管控红线，严禁因一切非设备原因导致同一构件分层浇捣时间间隔超标；

（2）制定不同种类构件振动工艺，规范频率、时间及辅助振捣器具和振捣方式、关键控制点、标准振捣表面状态等；必要时可形成工艺操作指导书，事先对工人进行生产交底；

（3）出筋孔加设垫圈封堵，U形出筋口须采用棉棒或塑料卡扣密封；

（4）强化技能培训，单次单点下料高度不允许超出模具上挡边平面；

（5）若在混凝土浇筑、振捣过程中，有明显离析时，应及时通知搅拌站换料。

5. 后处理工序

叠合梁构件后处理工序主要包括两个方面：叠合梁拉毛和叠合梁的养护。对于拉毛工序，构件表面拉毛的目的与叠合楼板相似，但在拉毛操作上存在不同：操作人员应在叠合梁混凝土初凝后，终凝前按照工艺图纸要求在构件表面进行拉毛处理。叠合梁养护中，由于叠合梁构件较长，一般采用自然养护或覆盖洒水保湿养护。在叠合梁后处理工序中，应注意以下几点质量问题：

（1）下料太干或拉毛时间滞后，细拉毛深度达不到要求；

（2）构件表面抹平过程中，没有注意正面预埋件，导致预留孔洞中进浆或预埋件偏位；

（3）外渗水泥没有及时清理，流至模具上凝固导致后续拆模困难；

（4）预埋件明显高出墙板面，在浇筑混凝土、振捣混凝土时预埋件上浮；

（5）覆膜时机不对或混凝土湿度不够。

为避免出现上述质量问题，操作人员在混凝土太干时应及时通知搅拌站纠正，对于拉毛深度不够的使用抹子补拉毛。当构件上部位预埋件振捣、突出构件表面时，在抹平之后需复尺检查、复位。对于遗撒在模具外部的混凝土浆，应及时清理干净，可铲入灰桶用于后一块梁混凝土的浇筑。在后处理工序中，作业人员严格遵循作业指导书的要求来进行作业，抹平完成必须按要求自检，对照图纸检查，及时复位。在叠合梁养护环节，工艺人员与实验室人员应覆膜进行试验，确定最佳覆膜时间，对于混凝土湿度不够应及时洒水保证湿度。操作内容如图 3-13、图 3-14 所示。

图 3-13　叠合梁拉毛

图 3-14　叠合梁养护

6. 构件拆模与吊装

构件拆模与吊装是构件生产的最后一个环节。在拆模过程中要始终把控一个原则：保障构件不被损害，在此前提之下，高效完成构件的拆模。构件吊装环节应注意保证安全、平稳。在叠合梁构件拆模之前，应在生产线取混凝土回弹仪对构件混凝土强度进行检测，强度应达到 $15N/mm^2$ 且不小于构件强度的 75%，操作人员用铁锤敲出销钉、销片，然后进行拆模吊装。使用吊机将构件吊出模具，品质检测人员根据成品检验标准进行检验，判定合格的贴上合格证并加盖合格章，不符合要求的要求作业员返工处理。相关操作如图 3-15 和图 3-16 所示。在拆模过程中应注意避免出现下列质量问题：

（1）拆模过程中暴力拆模导致模具变形、构件缺棱掉角；

（2）松掉的螺栓螺母随意摆放，没有进行统一回收保管；

（3）未达到脱模强度强行起吊导致构件缺棱掉角或出现有害的裂纹；

（4）吊装方式错误，作业员违规操作所引起吊钉崩裂，引发安全问题；

（5）吊装过程中，作业不当造成碰撞，导致构件开裂，影响构件的后期使用；

（6）叠合梁台模保养不到位引起的锈迹直接印在叠合梁表面；

（7）部分构件需进行返工重修，但修补后存在色差。

针对上述可能出现的质量问题，在叠合梁构件拆模和吊装过程中应注意如下几点事项：

（1）拆模过程中应循序渐进，不可暴力拆模；

（2）将松掉的螺栓、螺母放置在专门存放处，方便统一管理以及后期的使用；

（3）构件强度满足设计要求且必须大于 15MPa（预应力楼板应大于 20MPa）后方可起吊；

（4）严格按照作业指导书的要求进行操作，必要时对工人进行技术交底；

（5）加强预制构件吊装培训，构件在起吊、吊运、放置过程中应保证平稳性，以防撞到障碍物；

（6）制定合理模台保养周期，新旧模台锈迹需打磨干净后方可使用；

（7）实验室确定修补水泥胶浆配比，粉料在实验室统一拌合，并明确拌合用水或胶水用量。

图 3-15　叠合梁构件起吊

图 3-16 拆除端模

任务 3.3 课内实践项目——叠合梁生产训练

任务引入

本节内容为课内实践教学环节,根据本章的学习内容,组织学生以小组的方式协作完成叠合梁的生产操作,并对小组成果进行评价打分。通过实操训练,加深学生对叠合梁生产过程中钢筋、预埋件及混凝土浇筑各工序注意事项的掌握,提高学生动手能力及理论运用能力。

任务实施

1. 项目背景及介绍

本次课内实践项目依托实际的建设工程——富阳区观前村某教师公寓项目。本项目工程为装配式混凝土建筑,学生在了解该项目概况基础之上,进行叠合梁生产训练。通过标准的叠合板构件生产图纸,完成叠合梁模板——钢筋及预埋件——混凝土三大模块的生产方案及实操训练,难易程度上适合职业院校学生。

2. 实践目标

(1) 技能目标

能正确识读叠合梁生产图纸;

能掌握叠合梁的生产工艺流程;

能进行叠合梁生产方案的设计;

能进行叠合梁生产的实操。

(2) 素质目标

具有学习、分析和解决叠合梁生产问题的能力;

能胜任预制构件生产指导、质量管理的岗位。

（3）知识目标

掌握叠合梁生产图纸的识读；

掌握叠合梁生产工艺流程；

掌握叠合梁生产方案设计要点。

3. 实践内容

将班级学生进行分工，根据所提供的叠合梁生产图纸，进行叠合梁生产方案的设计。完成叠合梁生产方案的编写，并依据编写的生产方案进行叠合梁三大模块的实操训练。主要实践内容如下：

（1）编写叠合梁生产方案，包括各环节的质量控制点及控制措施；

（2）根据小组内分工，完成叠合梁的生产；

（3）在叠合梁的生产环节，完成各环节生产质量的检验并进行记录（生产过程质量验收记录表见表3-4）。

任务评价

4. 成绩评定参考标准（表3-1）

成绩评定标准		表 3-1
任务	内容及评分标准	总分
叠合梁生产工艺训练	1. 叠合梁生产方案(35分)：模板生产方案10分，钢筋及预埋件生产方案15分，混凝土生产方案10分。 2. 叠合梁生产实操(50分)：小组合作10分，模板组装15分，钢筋及预埋件安放与绑扎15分，混凝土工程浇筑10分。 3. 生产过程质量验收记录表填写的完整性(15分)	100分

5. 时间安排

"叠合梁生产工艺训练"项目，总课时为8学时，课时安排见表3-2。

项目课时安排			表 3-2
序号	实践内容	学时	备注
1	叠合梁生产方案：通过讨论、查询资料等方式，以小组为单位，完成叠合梁生产方案的编写	4	若课堂时间不足，学生可利用课后时间完成
2	叠合梁实操：完成叠合梁的生产操作，并填写生产过程质量验收记录表	4	
合计		8	

6. 注意事项

（1）课前学习

学习回顾叠合梁生产工艺，重点复习模板工程、钢筋及预埋件工程和混凝土工程的生产操作要点及注意事项。

（2）资料准备（或仪器设备等）

1）教材：装配式混凝土结构相关制图标准及生产规范、纸、笔。

2）相关生产工具由教师准备。

3) 完成任务过程中小组成员之间可互相讨论、协助,增强团队协作能力培养。

7. 应交资料

(1) 叠合梁生产方案;

(2) 叠合梁生产分工表;

(3) 叠合梁构件生产过程图片;

(4) 生产过程质量验收记录表。

8. 小组任务分工表和生产过程质量验收记录表(表3-3、表3-4)

小组任务分工表 表3-3

项目名称		组别	
工位长			
品质管理员			
模板工			
钢筋工			
混凝土工			
小组合作情况(满分10分)			

生产过程质量验收记录表 表3-4

项目名称					
组别					
检查项目			允许偏差(mm)	检查结果	是否满足
构件模板安装	长度				
	宽度				
	厚度				
	侧向弯曲				
	表面平整度				
	相邻模板表面高差				
	对角线差				
	翘曲				
钢筋安装	钢筋网	长、宽			
		网眼尺寸			
	钢筋骨架	长			
		宽、高			
	纵向受力钢筋	锚固长度			
		间距			
		排距			
	钢筋保护层厚度				
	箍筋间距				
	钢筋弯起点				
	钢筋外露长度				

续表

项目名称					
组别					
	检查项目	允许偏差(mm)	检查结果	是否满足
预埋件安装	中心线位置偏移			
	预埋管、预留孔洞中心位置			
	预埋螺栓中心线位置			
	预埋螺栓外露长度			

思考与练习

    1. 简述叠合梁开口箍与闭口箍的特征。

    2. 简述叠合梁模板工序操作注意事项。

    3. 简述叠合梁钢筋工序操作注意事项。

    4. 简述叠合梁混凝土工序操作注意事项。

项目**4**

Chapter 04

预制剪力墙生产

▶▶

学习目标

通过本项目的学习，能够对预制剪力墙的概念有所认识和了解。能够对预制剪力墙的组成及构造有一定的认知。掌握预制剪力墙的应用领域、认识现存的缺陷。

在预制剪力墙板生产环节，了解剪力墙的生产工艺流程，掌握预制剪力墙板生产环节各生产操作的注意事项，能够依据本书中的生产流程及注意事项完成剪力墙板的生产。在"任务 4.3　预制混凝土夹心保温墙板生产工艺"中，了解预制保温外挂墙的基本生产流程，掌握预制混凝土夹心保温墙板生产环节中质量控制点及各工序中的操作注意事项。并且通过本项目的学习，学习者能够具备指导他人进行预制剪力墙板及预制混凝土夹心保温墙板生产的能力。

课程思政

在预制构件叠合板的学习基础上，预制剪力墙的生产工艺更加复杂，通过本节内容的学习，培养学生自我学习新技术和新知识的能力，具备对比分析叠合板和预制剪力墙生产工艺中不同点的能力。

案例教学培养学生较快适应生产、管理等岗位需要的能力，提升敬业爱岗和良好的团队合作精神，形成较强的安全和环保意识，在工程实践中能自觉遵守职业道德和规范，具有法律意识。

项目导入

随着国家建筑工业化的实施，装配式结构工程得到大力的推广，预制剪力墙随之而产生，预制剪力墙在实际工程中已得到了大量的推广及使用。对于预制剪力墙板的分类、构成及生产尚需进一步阐述。本项目从两类常见的预制剪力墙生产工艺流程及注意事项进行编写，首先进行预制剪力墙的简介，然后进行预制剪力墙特点及应用范围进行编写，最后以预制剪力墙板和预制混凝土夹心保温墙板两个方面进行墙板生产工艺及操作事项的讲解。

思维导图

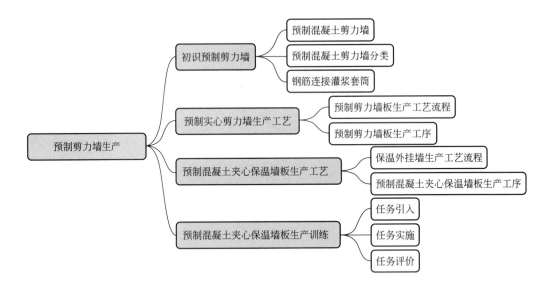

任务4.1　初识预制剪力墙

任务引入

　　本节进行预制剪力墙板的产生背景、构造组成进行讲解。本节内容从两个部分进行学习：一、预制剪力墙板产生背景、定义及结构等，本部分内容主要对预制剪力墙板的概念、构造组成做总体上的讲解，让学习者对预制剪力墙板有初步的认识；二、预制剪力墙板的特点及其工程应用，本部分内容对预制剪力墙板的优缺点进行阐述，介绍其在工程领域的应用。

任务实施

4.1.1　预制混凝土剪力墙

　　预制混凝土剪力墙是指在工厂或现场预先制作的钢筋混凝土墙体。

　　装配整体式混凝土剪力墙结构，是指全部或部分剪力墙采用预制墙板建成的装配整体式混凝土结构。我国新型的装配式混凝土建筑是从住宅建筑发展起来的，而高层住宅建筑绝大多数采用剪力墙结构。因此，装配整体式混凝土剪力墙结构在国内发展迅速，得到大量的应用。

4.1.1
初识预制墙板

　　装配整体式混凝土剪力墙结构中，墙体之间的接缝数量多且构造复杂，接缝的构造措施及施工质量对结构整体的抗震性能影响较大，使装配整体式剪力墙结构抗震性能很难完全等同于现浇结构。世界各地对装配式剪力墙结构的研究少于装配式框架结构的研究，因此我国目前对装配整体式混凝土剪力墙结构采用从严要求的态度。

4.1.2 预制混凝土剪力墙分类

预制剪力墙根据其制造方法及结构形式不同可分为：预制实心剪力墙板、预制混凝土夹心保温墙板和预制叠合剪力墙。

预制实心剪力墙，顾名思义即将预制剪力墙做成实心构件，通过钢筋灌浆套筒连接技术将预制剪力墙与结构进行可靠的连接。预制实心剪力墙通常用作内墙板或者外墙板。随着灌浆套筒连接技术的发展，预制实心剪力墙应用逐步广泛。该种形式的墙板特点为制作方便且自重较大，在构件拆模起吊以及吊装安装过程中对起重机性能要求较高，对工人施工技术要求较高。图 4-1 为典型预制实心剪力墙。

(a)

(b)

图 4-1 预制实心剪力墙板

(a) 预制实心剪力墙 1；(b) 预制实心剪力墙 2

预制混凝土夹心保温墙板（图 4-2），或称预制混凝土保温外挂墙，通常用作外墙板。在构造上，预制混凝土夹心保温墙板由内叶板、保温夹层、外叶板通过连接件可靠连接而成。预制混凝土夹心外墙板在国内外均有广泛的应用，具有结构、保温、装饰一体化的特点。预制混凝土夹心外墙板根据其在结构中的作用，可以分为承重墙板和非承重墙板两类。当其作为承重墙板时，与其他结构构件共同承担垂直力和水平力；当其作为非承重墙板时，仅作为外围护墙体使用。

(a)

4.1.2
预制夹心保温墙板 1

4.1.3
预制夹心保温墙板 2

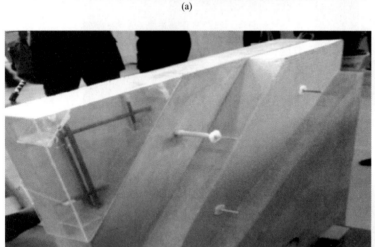

(b)

4.1.4
预制夹心保温墙板 3

图 4-2　预制混凝土夹心保温墙板

(a) 预制混凝土夹心保温墙板 1；(b) 预制混凝土夹心保温墙板 2

预制混凝土夹心外墙板根据其内、外叶墙板间的连接构造，又可以分为组合墙板和非组合墙板。组合墙板的内、外叶墙板可通过拉结件的连接共同工作；非组合墙板的内、外叶墙板不共同受力，外叶墙仅作为保温板的保护层，荷载通过拉结件作用在内叶墙板上。鉴于我国对于预制混凝土夹心外墙板的科研成果和工程实践经验都还较少，目前在实际工程中，通常采用非组合式的墙板，只将外叶板作为中间层保温板的保护层，不考虑其承重作用，但要求其厚度不应小于 50mm。中间夹层的厚度不宜大于 120mm，用来放置保温材料，也可根据建筑物的使用功能和特点聚合，诸如防火等其他功能的材料。当预制混凝土夹心外墙板作为承重墙板时，将内叶板按剪力墙构件进行设计，并执行预制混凝土剪力墙内墙板的构造要求。

预制叠合剪力墙（图 4-3），预制叠合剪力墙是指一侧或两侧均为预制混凝土墙板，在另一侧或中间部位现浇混凝土，从而形成共同受力的剪力墙结构。在构造形式上预制叠合剪力墙可理解为竖向的"叠合梁"，该种形式减少了后期墙板混凝土的支模工程量。由于墙板自重较小，方便于后期墙板的吊装施工。

(a)

(b)

图 4-3　预制叠合剪力墙

（a）预制叠合墙板 1；（b）预制叠合墙板 2

预制叠合剪力墙又称为双面叠合剪力墙。是内、外叶墙板预制并用桁架钢筋可靠连接，中间空腔在现场后浇混凝土和形成的剪力墙叠合构件。双面叠合墙板通过全自动流水线进行生产，自动化程度高，具有非常高的生产效率和加工精度，同时具有整体性好、防水性能优等特点。

4.1.3 钢筋连接灌浆套筒

钢筋连接灌浆套筒是通过水泥基灌浆料的传力作用将钢筋与所用的金属套筒进行对接连接，灌浆套筒通常采用铸造工艺或者机械加工工艺制造。

钢筋连接灌浆套筒按照结构形式分类，分为半灌浆套筒和全灌浆套筒如图 4-4 所示。半灌浆套筒在预制构件中，一端通常采用直螺纹方式连接钢筋，现场装配端采用灌浆方式连接钢筋。由于直螺纹连接端所需要的钢筋锚固长度小于灌浆连接端所需的钢筋锚固长度，半灌浆套筒接头尺寸较小，半灌浆套筒主要适用于竖向构件（墙、柱）的连接；全灌浆套筒接头的两端采用灌浆方式连接钢筋，由于全灌浆连接端所需要的钢筋锚固长度较长，全灌浆套筒尺寸长于半灌浆套筒，全灌浆套筒主要适用于水平构件（梁）的钢筋连接。

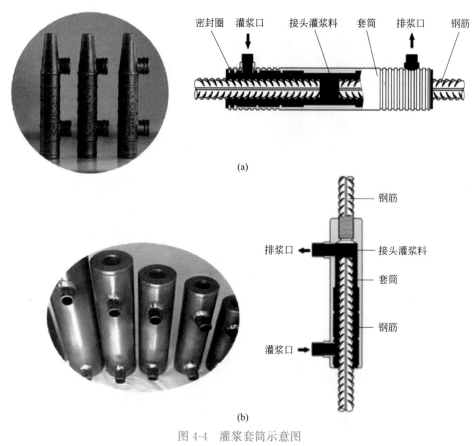

(a)

(b)

图 4-4　灌浆套筒示意图

（a）全灌浆套筒及其剖切图；（b）半灌浆套筒及其剖切图

任务 4.2 预制实心剪力墙生产工艺

任务引入

本任务将以预制实心剪力墙板为例，详细讲解预制实心剪力墙板的生产过程及其注意事项。讲解思路依据构件的生产过程逐步展开：模台清理→模板组装→钢筋排布与绑扎→预埋件埋置→混凝土浇筑→拉毛→拆模等工序。通过本任务内容的学习，学习者能够掌握预制实心剪力墙板的生产过程，并能够具备指导构件生产的能力。为了提高学习者的学习成效，对各生产工序中的操作要点结合图片进行讲解。

任务实施

4.2.1 预制剪力墙板生产工艺流程

预制剪力墙板的生产工艺流程图如图 4-5 所示，由图中可以看出，与叠合构件的生产流程相似，预制剪力墙板的生产工序大致可为：清模→模板组装→预埋件安放 1 →钢筋绑扎→预埋件安放 2→混凝土浇筑→撑平→养护→后处理→拆模→吊装。由生产工序可以看出，预埋件的

微课 4.2.1
墙板 1

微课 4.2.2
墙板 2

埋置工作分两步进行。但对于大多数预制剪力墙板生产而言，若墙板中没有设置减重板夹层。预埋件工序就只有一道工序即可。本小结内容将以不设夹层减重板为例进行讲解。对于设置夹层减重板的预制剪力墙板，参见后续预制装饰保温装饰板的生产工艺。

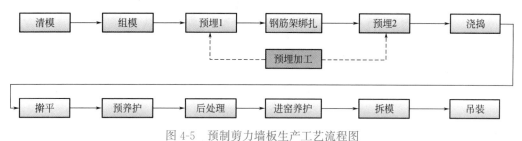

图 4-5 预制剪力墙板生产工艺流程图

4.2.2 预制剪力墙板生产工序

1. 模台清理

与预制混凝土夹心保温墙板生产过程相似，墙板生产过程中，对模台的要求需满足：

（1）台模上无残渣，表面平整光洁；

（2）模具干净，无附着物，无变形；

（3）模具、物料摆放在规定位置上。在预制剪力墙板清理模台过程中，所涉及的工具用具包括铁铲、锤子、扫把、拖把、簸箕、斗车、电动扳手、毛刷等用具。与预制混凝土夹心保温墙板生产所使用的工具相似，如图 4-6 所示。

(a)

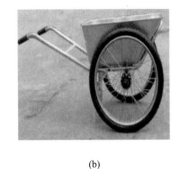
(b)

(c)

图 4-6　模台清理工具示意图

(a) 电动扳手；(b) 斗车；(c) 铁铲

　　在模台清理过程中，首先将模台表面的混凝土残渣用铁铲等工具清除干净。对于粘结在模具表面上的混凝土残渣，可使用铁棍敲击模板清除，对于难以清理的混凝土残留物，可配合铁铲进行清除。然后将模台表面清理的混凝土集中堆放，一次用铲车运出场内。对照构件的施工图纸用料表，将需要用到的施工用具模板、磁盒等构件按需求量清点到位，种类及规格应严格按照清单用量表进行。用钢卷尺量取基准线，并做好标记，将边模按照基准线的位置固定在模台上。对照构件生产图纸，将磁盒分散放置在各处。最后将模台上不需要的工具及构件清理归位。混凝土残渣清理完毕之后，在模具及模台表面均匀的喷涂隔离剂，启动流水开光，台模进入下一工位。部分操作步骤示意图如图 4-7～图 4-9 所示。

图 4-7　清理模台 1

　　在模台清理环节，为了保证成品构件外观质量，台模表面及模具表面的混凝土残渣务必清理干净。基准线的量取应准确无误，基准线标记主要作用是为了固定边模，边模位置的正确与否，关系到后期其他模板相对位置的正确性，对构件的外观形状有一定的影响。在喷涂隔离剂过程中，应均匀喷涂。避免出现漏喷或喷涂过量，影响拆模或构件的外观质量。

　　在模台清理环节，为了保证构件的产品质量以及为后续工序操作提供保证。需要注意

图 4-8 清理模台 2

图 4-9 喷涂隔离剂

如下几点:

（1）重点清理模具与混凝土结合面，确保无粘附混凝土浆。这一注意事项也体现了模台及模具清理的意义。

（2）选用合格的隔离剂，保证成膜时间与流水节拍匹配。

（3）楼梯踏步、墙板及梁柱等容易积液阴角部位用毛刷涂刷。

（4）模台及模具需定期进行保养维修，制定合理模台保养周期，新模台锈迹需打磨干净后方可使用。

2. 模板组装

在模板组装过程中，所涉及的主要工具用具包括电动扳手、毛刷、棘轮扳手、卷尺、磁盒撬棍、锤子、压力喷壶等。所消耗的材料用品包括模具、固模组件、M16 螺栓螺母、隔离剂等。

预制剪力墙板构件模板组装过程中，首先进行边侧模板的固定。对于墙体门窗洞口部位的模板，依据外围边侧模进行量测定位。根据模板的相对位置，调整模具位置和角度，与基准线重合。模板摆放到预先位置之后，用钢尺检查模具拼装尺寸，确认后用磁盒等固模组件固定侧边模具，防止模具偏移。对未喷涂隔离剂的部位进行隔离剂喷涂，边角和接缝等的细节处注意用毛刷涂刷。最后清理无关物品，流转模台进入下一施工工位。部分操作示意图如图4-10和图4-11所示。

图4-10　固定边模

图4-11　角模连接

在墙板模板组装过程中，常见的质量通病有以下几点：

（1）模具与模具间连接不紧密，在后期混凝土振捣过程中出现跑模、胀模的不良现象；

（2）模具组装完成后，焊渣、混凝土渣等残渣未清理。直接对构件成型之后的外观产生影响；

（3）阳角模板、窗洞口模板与窗框拼缝处、立模与台模间缝隙拼缝不严，混凝土渗漏；

（4）对于需要出筋的部位，往往模板自身就预留出筋孔；若模具出筋定位孔开孔过大，会造成钢筋位置偏位；对于 U 形口出筋模具，会因未密封而导致溢浆；

为了防止以上质量问题的出现，在模板组装及固定过程中需遵循以下几点操作注意事项：

（1）模具连接、对拉部位需采用工装或磁力模等辅助器具固定，以增加模具的稳固性；

（2）工序完成必须按要求自查、自清。小组工位长应做好工序操作的自检工作，提高生产产品的合格率；模具自检的重点检查项包括拼装完成之后的模具的长、宽、高，模具的对角线也需要进行复查，保证构件的形状符合设计要求。对模板与模板之间的拼缝、模台的平整度需要进一步复核；

（3）加强窗框边模板的检查和固定，选择合理的密封胶；

（4）出筋孔加设垫圈限位兼顾溢浆封堵，U 形口出筋模具必须采用珍珠棉棒或塑料卡扣密封。

3. 钢筋工程

该工序所涉及的主要工具用具包括卷尺、橡胶锤、扎钩、螺栓、波胶，所涉及的材料用品包括扎丝、垫条、网片、成品钢筋笼、拉筋、拉结筋、提升管件（吊钉）。部分消耗品示意图如图 4-12 所示。

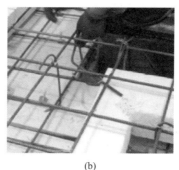

（a）　　　　　　　　　　　　　　　　（b）

图 4-12　部分消耗品示意图

（a）吊钉；（b）拉筋

为了保证预制墙板混凝土保护层厚度达到设计规范要求，在进行钢筋绑扎之前，应先进行垫条或垫片的布置。垫条以及垫片的布置需均匀整齐，避免集中放置或间隔过大。连接好吊钉与顶边模，并将加工成型的钢筋按设计图纸的位置进行摆放。用扎丝将吊钉与钢筋网片绑扎牢固，以防止后期起吊过程中吊钉被拔出。若设计图纸中，钢筋需要出筋，再根据设计图纸调整钢筋的出筋尺寸。底层钢筋网片绑扎牢固之后，工位进行质量检查，若符合设计要求，流转模台进入下一步操作工位。

在底层钢筋网片作业过程中，可能出现以下几项质量缺陷：

（1）垫条、垫块漏放或不足导致钢筋保护层不够；

（2）抗裂、加强钢筋漏放、错放或少放；

（3）未对伸出筋位置进行限位，导致成型后的结构构件在吊装施工中锚固筋尺寸不足；

（4）钢筋加工成型尺寸错误或弯起位置有误；

（5）钢筋预埋过程中两端伸出长度控制有误；

（6）钢筋绑扎不牢，浇捣时混凝土的冲击力导致钢筋偏位。

针对以上可能出现的质量通病，在钢筋工序作用过程中需注意在浇筑混凝土之前检查钢筋保护层厚度是否符合要求，垫条、块等均匀、合理分布。钢筋工序属于隐蔽工程，若出现错误是无法进行后期弥补的。在实际作业过程中，可在模具阴阳角或需安放加强筋位置设置醒目标识，粘贴质量控制卡。在钢筋架放好之后要对伸出筋位置进行定位，并制作工装进行固定，底筋末端位置可以使用木板、钢板支撑固定，使其在浇捣过程中不偏位。为了保障钢筋成品的质量，钢筋成品需执行三检制，杜绝不良品进入工序。作业前，强化工人钢筋绑扎手法培训，后处理人员互检过程中及时调整偏位钢筋。部分作业示意图如图 4-13、图 4-14 和图 4-15 所示。

图 4-13　出筋长度量测

图 4-14　底层钢筋网片绑扎

4. 预埋件作业

本操作工序主要涉及的工具用具包括电动扳手、手枪钻、卷尺、钢角尺、裁切刀、定

图 4-15　上层钢筋网片绑扎

位工装、扎钩等，所用到的材料包括线盒/管、胶水、胶块、锚栓套筒、波纹管、扎丝、套管、木方等。

构件中的预埋件工序属于隐蔽工程。在操作过程中以及操作结束之后均需进行验收，避免成品构件由于预埋件出错而导致报废。在作业开始之前，负责事先熟悉图纸，并根据图纸进行预埋件种类的分工，一般将预埋件分为边部预埋（吊钉、塑料胀管等）、孔洞预埋、水电预埋等类型，根据预埋件种类分工，做好人员分工，准备好预埋件和材料工具。先进行边部预埋的安装，包括安装塑料胀管、木方等。对于墙板中预留的孔洞，根据生产图纸确定使用钢套管或 PVC 管预埋孔洞、使用硅胶块预埋缺口。对于墙板中部预埋的各类线盒，应进行线管的埋设，必要时用弯管器和剪管器加工管材，连接线管时注意涂抹PVC 粘结胶。作业结束之后，进行成果检查。检查无误后，流转模台，进入下一操作工序。部分操作示意图如图 4-16、图 4-17 所示。

图 4-16　吊钉及线盒预埋

图 4-17 灌浆套筒及软管预埋

根据实际的构件生产经验，在预埋件作业环节常出现的质量通病主要集中在：

(1) 线盒位置固定不牢振捣后歪斜、有多个线盒时标高不一致等；

(2) 线管口、线盒未封堵或封堵不到位导致进浆堵塞等；

(3) 预埋吊钉、连接件等定位不准或未绑防拔钢筋或钢筋过短；

(4) 预埋安装套筒定位不准、封堵不到位进浆、防拔钢筋漏绑或过短等；

(5) 灌浆软管固定不良，或进口未封堵，浇捣混凝土时，进浆堵塞；

(6) 预留槽固定不牢，振捣后歪斜。

针对上述可能出现的质量问题，在实际预制剪力墙生产环节。对于预埋件埋设工序，首先应注意线盒安装的固定方式应符合《预制混凝土构件质量检验标准》T/CECS 631—2019，在操作施工前，应对相关工人进行培训。当有多个线盒预埋时，有间距时需复核标高，无间距时建议使用联装线盒。为了避免线盒、线口出现封堵，在浇捣混凝土前，线管口、线盒等应封堵到位，作业时禁止踩踏或将重物压在线盒、线管上。连接件、吊钉、套筒的合理固定方式参考《预制混凝土构件质量检验标准》T/CECS 631—2019。预留定位时，边用尺测量边用笔做记号，再进行预留。预留孔洞和缺口、槽线等尽量做工装、硅胶模，不要用泡沫。

5. 混凝土浇筑

上述作业完毕之后，需进行相关的质量验收。验收合格之后进入混凝土的浇筑工序。混凝土浇筑过程中所使用的工具用具包括：抹子、铁铲、灰桶等。

手动操作布料机进行混凝土的浇筑工作，操作布料机进行混凝土布料时，应注意混凝土用量，中途补料应及时。混凝土浇筑过程中，同时使用铁铲、抹子协助浇筑，将边角部分的混凝土进行填补。对于浇筑在模板外侧的混凝土，使用铁锹及时进行清理。待浇完混凝土后，选择合适的振捣频率和时间进行整体振捣，使混凝土密实，排出气泡。同时注意局部辅助密实，对于混凝土用量较大的构件，可间隔进行两次振捣。在混凝土浇筑及振捣过程中，及时调整固定发生偏移的预埋件，待所有操作完成之后，流转台模，进入下一个操作工序。部分操作工序示意图如图 4-18～图 4-20 所示。

图 4-18　混凝土浇筑

图 4-19　铁锹辅助摊平

图 4-20　混凝土振捣

根据以往的墙板生产经验，在混凝土浇筑及振捣过程中，若混凝土分两次振捣，振捣或振动间隔时间过长，会造成墙板分层。在振捣过程中，振捣时间过长亦会导致混凝土分层离析，时间过短或不到位导致蜂窝麻面等。若使用振捣棒进行振捣，振捣棒下棒位置不合理，会出现因直接接触或振捣造成的混凝土推力导致预埋件偏位。预制剪力墙一般侧边设置伸出筋，模具伸出筋开口未封堵，混凝土溢浆且未作有效处理时，会导致溢浆处骨料疏松、蜂窝。在布料过程中，混凝土下料应均匀，若下料不均匀，局部混凝土下料过多，会压坏垫条或塑料马凳，导致成品构件的钢筋保护层不足。

为了避免上述实际构件生产过程中出现的质量隐患。在混凝土浇筑过程中应做到以下几点：

（1）执行工艺管控红线，严禁因非设备原因导致同一板分层浇捣混凝土或混凝土间隔浇筑时，间隔时间超标；

（2）制定不同种类构件的振动工艺，规范频率、时间及辅助振捣器具和振捣方式、关键控制点、标准振捣表面状态等；为特定的构件振捣定制专属振捣方案，使混凝土振捣工作更加规范；

（3）模板边侧的出筋孔加设垫圈封堵，U形出筋口须采用棉棒或塑料卡扣密封；

（4）强化操作工人的技能培训，单次单点下料高度不允许超出模具上挡边平面。

6. 混凝土擀平

该工序作业是对浇筑振捣完毕之后的墙板表面进行初步的抹平作业，所使用的工具为木耙、铁耙、灰桶、木抹子、铁抹子。在擀平作业中需注意使得墙板混凝土表面与模具高差不大于5mm。在作业过程中观察预埋件是否移位，擀平后矫正。多余遗撒在模具之外的混凝土，铲入灰桶中用于后一张墙板。

该工序的主要操作内容较简单。首先，使用木耙或者铁耙对混凝土表面进行全面平整，然后使用木抹子对有预埋区域进行局部平整和一次收面。最后，观察墙板表面的平整度，符合要求即可流转模台，进入下一工位。如图4-21和图4-22所示。

图 4-21　混凝土擀平

擀平作业看似简单，然而在实际作业中由于各种原因仍会出现一些质量问题：

图 4-22　混凝土局部擀平

（1）辅助浇筑时，擀平过程没有注意正面预埋件，导致预留孔洞中进浆或预埋件偏位；

（2）在擀平作业中，墙板表面的高度控制以模具为参照，如果模具本身存在变形，擀平若仍用模具顶端定位那么就会导致墙板平面高低不平；

（3）在擀平作业中，若外渗的水泥浆没有及时清理，流至模具上凝固导致后续拆模困难；

（4）在混凝土浇筑以及振捣过程中，预埋的套筒由于固定不牢，会出现套筒上浮的现象，高出墙板表面的套筒会致使擀平作业无法进行；

（5）擀平过程中，观察不仔细，对于墙板表面的预埋件比如线盒等构件，需要外露而使其被混凝土淹埋。

为了避免上述可能出现的质量问题，在墙板擀平作业中，需注意如下几个方面：

（1）正面预埋制作位置标识应露出板面，严禁振捣下棒靠近预埋件 100mm 位置，防止振动力挤压混凝土而导致预埋件偏位，在后处理抹平时需检查、复位；

（2）模具组装完成必须按要求自检，发现模具变形及时进行修复，严禁模板"带病"工作；

（3）要及时清理遗撒在模具外的混凝土，铲入灰桶用于后一张墙板；

（4）作业人员严格遵循作业指导书的要求来进行作业；

（5）作业人员擀平完成必须按要求自检，对照图纸检查是否有预埋件被埋，若有，则应按构件的生产预制进行及时的复位。

7. 墙板抹平、拉毛

该工序作业中，主要使用的工具包括细拉毛工装（扫把等）、灰桶、铁抹子。墙板的抹平及拉毛作业应在混凝土浇筑后 2h 内（初凝前 10min）完成。拉毛作业一般采用由上到下，水平拉毛，拉毛要匀速。拉毛的深度控制得当，细拉毛的一般深度为 1～2mm。

墙板抹平及拉毛作业中，按作业的先后顺序分为抹平和拉毛作业。首先使用铁抹子对混凝土表面不平整处进行抹光处理，便于下一步的拉毛作业。然后使用拉毛工具沿同一方向在混凝土表面均匀进行细拉毛。所有操作完成之后，检查无误后可将模台流转至下一操作工位。作业示意图如图 4-23 和图 4-24 所示。

图 4-23　墙板表面抹平

图 4-24　墙板细拉毛

　　在墙板抹平及拉毛过程中，为了保证成品构件的质量，在操作过程中有几点需要注意：首先，墙板抹平是在墙板擀平的基础之上进行的操作。在墙板擀平作业中需要注意的质量隐患在此亦需引起作业人员的注意。比如预埋件位置是否偏移、模具是否存在变形等。对于墙板表面的拉毛作业，要掌握好拉毛的时间及拉毛的深度。拉毛太早，墙板表面水分较多，掌握不了拉毛的深度；若拉毛太晚，墙板表面已有强度，致使拉毛无效。

　　8. 墙板拆模

　　上述工序操作完毕之后，进行墙板构件的养护。养护强度达到拆模要求，进行墙板构件的拆模操作。拆模过程中所使用的工具用具包括电动扳手、棘轮扳手、磁盒、撬棍、扁头撬棍、锤子、支撑工装。辅助材料包括木垫块。拆模作业中，关键的注意点：使用撬棍时，不得将墙板边棱作为支撑点进行模具的翘起。缺口填充物须清理干净。操作人员全部拆模完毕之后，检查预埋套筒、线盒是否进浆，特别是套筒内，若进浆则必须清理干净。

　　拆模的大致顺序为：首先使用磁盒撬棍松掉磁盒，并将磁盒清离至专用存放架上，保持工作面整理有序。使用棘轮扳手松掉钢模/铝模之间的连接，并将螺栓、螺母放置在专用存放处。待所有螺栓拆除完毕之后，使用扁头撬棍以木方垫块为支撑撬开模具与构件。在起撬过程中，可左右或者上下反复几次，不可蛮力拆模，以免破坏构件边棱。统一将撬开的模具放置在指定位置上。然后，检查清理预埋缺口、预埋孔洞内的混凝土残渣，保证通透干净。最后，依据墙板类型选用侧立起吊的，应清离所有除构件外的活动物品，流转至侧立机准备起吊。主要的拆模步骤如图 4-25～图 4-27 所示。

图 4-25　清理磁盒

图 4-26　拆除模板

为了保证构件的质量，在拆模之前应注意如下可能出现的质量问题：

（1）拆模时尽量不要直接踩在构件上作业，导致构件表面存在脚印；

（2）对于墙板中各类固定预埋件以及连接模板的螺栓应清理到位，避免出现遗漏的现象；

（3）拆模过程中暴力拆模导致模具变形，以构件的边棱为撬棍的撬起点，导致构件缺棱掉角；

71

图 4-27　清理预留孔洞

　　（4）拆模工具随意丢在构件上导致构件磕碰破损；

　　（5）松掉的螺栓及螺母随意摆放；拆模作业区域内混乱。

　　针对以上可能出现质量问题，在拆模作业之前应对作业人员开展进行作业前的例会，重点强调一些注意事项：

　　（1）尽量避免作业人员直接踩在构件表面内作业；

　　（2）在拆除构件内连接螺栓时，对照图纸生产进行逐个确定、拆除，避免遗漏；

　　（3）拆模过程中应循序渐进，不可暴力拆模；若遇到拆除困难的模板，仔细检查构件是否存在未拆除的螺栓，找到原因之后再继续拆模作业；

　　（4）拆模过程中，拆模工具应轻拿轻放，不可放在构件上；严禁将拆模工具直接抛掷于构件上；

　　（5）将松掉的螺栓及螺母放置在专门存放处。

9. 构件吊装及工位清理

　　构件拆模完毕之后，进行构件的吊装及工位的清理。此工序操作过程中，主要使用的工具用具包括吊具、尖头撬棍、锤子、标签、剪刀；使用的材料包括珍珠棉胶带、珍珠棉棒。

　　构件起吊及工位清理过程中，首先安装好吊钉专用的锁扣，如图 4-28 所示。锁扣安装完毕之后，检查安装的牢固性。同时移动吊车至构件，将吊钩与锁扣连接，如图 4-29 所示。同样，检查吊钩的连接情况，然后进行试吊。试吊期间应缓慢进行，以检查锁扣与吊钉、锁扣与吊钉之间连接的稳固性。

　　试吊完毕之后，将构件调离模台一定距离，对墙板地面的预留孔洞、缺口处的预埋件进行拆除。拆除的方法一般使用小锤敲击即可，如图 4-30 所示。对于预留孔洞处，使用铁棍疏通内部残留的混凝土残渣，务必保证预留孔洞无杂物，如图 4-31 所示。所有操作完毕之后，清理杂物，并在棱角部位粘贴棉胶带保护构件边棱（或其他防护措施）。最后由质检人员检验确认后粘贴标签，并吊运装框，准备出厂。

　　在构件拆模过程中，常见的质量通病如下：

图 4-28　安装锁扣

图 4-29　安装吊钩

图 4-30　预埋件拆除

图 4-31 疏通预留孔洞

（1）构件吊装过程中，作业不当造成构件与其他物件碰撞，导致构件开裂、损坏；

（2）门窗洞口、L形伸出部位等薄弱需加强位置的固定连接件在脱模起吊前未安装好或固定不符要求；

（3）在模台上起吊翻转过程中，吊钉被拔出；

（4）起吊时，构件无法吊起；

（5）若构件在起吊过程中出现损坏，后期会进行构件的修补；进而在构件表面出现色差，使得构件外观不美观。

为了避免出现上述可能质量问题，在模板作业之前以及作业过程中应注意以下几点：

（1）加强吊装工人培训，构件在起吊、吊运、放置过程中应保证平稳，以防撞到障碍物；

（2）门窗洞口、伸出部位等位置必须在连接件安装固定后方可起吊；

（3）构件脱模起吊前应对水泥强度进行检查，未达到强度严禁脱模起吊；

（4）检查构件与模台之间是否有连接件未拆除；

（5）为了避免构件经修补后出现色差，应在实验室确定修补水泥胶浆配比，粉料在实验室统一拌合，并明确拌合用水或胶水用量。

任务 4.3　预制混凝土夹心保温墙板生产工艺

任务引入

　　预制混凝土夹心保温墙板与传统预制剪力墙相比具有质量轻、保温效果好、节能效果好等特点。本任务将以预制混凝土夹心保温墙板的生产操作为例，对其生产过程的操作工序及注意事项进行全面讲解。讲解思路依据构件的生产过程逐步展开：模台清理—模板组装—钢筋排布与绑扎—预埋件埋置—混凝土浇筑—拉毛—拆模等工序。通过本任务内容的学习，学习者能够进行预制混凝土夹心保温墙板的生产，在自身具备构件生产能力的基础之上，亦能够指导工人进行构件的生产。

任务实施

4.3.1　保温外挂墙生产工艺流程

图 4-32 给出了预制混凝土夹心保温墙板生产工艺流程，与预制剪力墙生产工艺相比，图中多出了"装饰面板的切割加工"以及"拼装装饰面板"。对于装饰保温板的预埋，流程图中并未准确地画出。一般根据现场施工工序，外叶板钢筋及混凝土操作完毕，才进行中间层保温板的放置于拼装。然后进行内叶板钢筋的绑扎及混凝土浇筑。不同的生产设备、生产公司均有自身的操作流程图，在实际工作中也可根据实际进行调整。

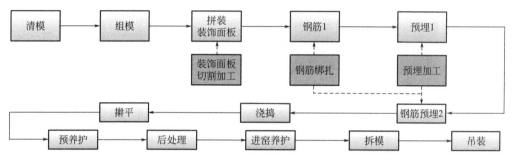

图 4-32　预制混凝土夹心保温墙板生产工艺流程

4.3.2　预制混凝土夹心保温墙板生产工序

总体上，预制混凝土夹心保温墙板生产工序与预制剪力墙生产工序大同小异。除保温板操作工序之外，其余操作工序均可借鉴预制剪力墙的生产工序。本节针对保温墙板铺贴的工序进行讲解。

在保温板铺贴之前，应完成外叶板模板的组装、钢筋的绑扎及混凝土的浇筑，如图 4-33 所示。相关钢筋绑扎的流程及注意事项参见预制剪力墙钢筋板扎操作工序。待外叶板模板及钢筋工序完成之后，进行外叶板混凝土的浇筑，如图 4-34 所示。在浇筑过程中要及时进行混凝土的振捣工作，详细的操作事项见"任务 4.2"中预制剪力墙混凝土浇筑的内容。

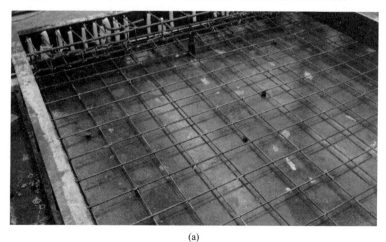

(a)

图 4-33　外叶板模板及钢筋示意图（一）

(a) 模板及钢筋示意图 1

(b)

图 4-33　外叶板模板及钢筋示意图（二）

（b）模板及钢筋示意图 2

(a)

(b)

图 4-34　外叶板混凝土浇筑

（a）混凝土浇筑 1；（b）混凝土浇筑 2

　　前期工序操作完毕之后，进行保温板的铺贴工作。保温板在铺贴之前，为了防止铺贴混乱，应对每块保温板进行编号。按照相应的编号，应由下向上逐块铺设，切割板尺寸偏差控制在 $-1\sim0$mm 以内，板间缝隙不大于 1mm。装饰保温一体化板需切割优化，拼接缝隙应整齐，不应错缝拼接。为了提高成品的保温效果，保温板在拼缝处涂抹密封胶进行密封处理。在墙板的门窗洞的拐角处不允许有拼接缝，须用整块的一体板切割成型，防止渗水，减少热桥。拼装工序如图 4-35 所示，图中保温板在制作过程中，为了加强与上下层混凝土连接，事先在保温板相应位置预埋连接件。

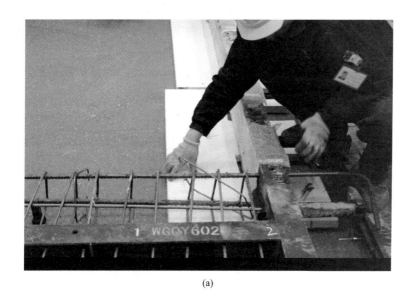

(a)

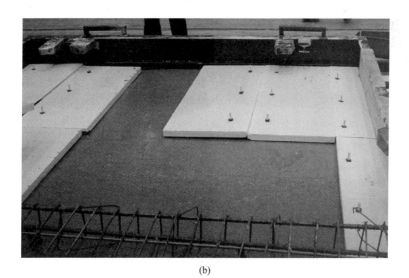

(b)

图 4-35　保温板铺贴

（a）保温板铺贴 1；（b）保温板铺贴 2

在保温板制作与铺贴过程中，应注意以下质量问题：

（1）门窗洞口的拐角处存在有拼接缝，造成墙板保温效果降低；

（2）保温板铺好后，作业人员随意在上面踩踏造成装饰板移位；

（3）保温板固定不牢，混凝土振捣时上浮，将上层网片顶起，造成内叶墙板钢筋外露；

（4）在保温板拼缝处漏涂抹密封胶；

（5）在保温板制作过程中，板块切割不齐，拼接缝隙不整齐，或存在错缝拼接。

对于以上存在的质量问题，要在保温板制作与铺贴过程中仅进行质量控制，详细制定质量控制方案。在工序操作之前，对工人进行操作注意点的交底，严把质量关。具体可从如下几个方面展开质量控制：

（1）门窗洞口的拐角处不允许有拼接缝，须用整块的一体板切割成型，防止渗水，减少热桥，提高墙板保温效果；

（2）在保温板铺贴过程中及铺贴完成之后，严禁作业人员直接踩在装饰板表面内作业；

（3）对照图纸逐个把保温板安装好，浇捣混凝土时，发现钢筋网片露出，应及时将网片按压下去；

（4）板缝密封胶不得漏涂，涂抹密封胶工序完成必须按要求自检，对于漏涂抹密封胶及时涂抹；

（5）加强对工人操作技能的培训，装饰保温一体化板需切割优化，拼接缝隙应整齐，不应错缝拼接。

任务 4.4　课内实践项目——预制混凝土夹心保温墙板生产训练

任务引入

本任务内容为课内实践教学环节，根据本章的学习内容，组织学生以小组的方式协作完成预制混凝土夹心保温墙板的生产操作，并对小组成果进行评价打分。通过实操训练，加深学生对预制混凝土夹心保温墙板生产过程中钢筋、预埋件及混凝土浇筑各工序注意事项的掌握，提高学生动手能力及理论运用能力。

任务实施

1. 项目背景及介绍

本次课内实践项目依托实际的建设工程——富阳区观前村某教师公寓项目。本项目工程为装配式混凝土建筑，学生在了解该项目概况基础之上，进行预制混凝土夹心保温墙板生产训练。通过标准的叠合板构件生产图纸，完成预制混凝土夹心保温墙板模板—钢筋及预埋件—混凝土三大模块的生产方案及实操训练，难易程度上适合高职学生。

2. 实践目标

（1）技能目标

能正确识读预制混凝土夹心保温墙板生产图纸；

能掌握预制混凝土夹心保温墙板的生产工艺流程；

能进行预制混凝土夹心保温墙板生产方案的设计；

能进行预制混凝土夹心保温墙板生产的实操。

（2）素质目标

具有学习、分析和解决预制混凝土夹心保温墙板生产问题的能力；

能胜任预制构件生产指导、质量管理的岗位。

（3）知识目标

掌握预制混凝土夹心保温墙板生产图纸的识读；

掌握预制混凝土夹心保温墙板生产工艺流程；

掌握预制混凝土夹心保温墙板生产方案设计要点。

3. 实践内容

将班级学生进行分工，根据所提供的预制混凝土夹心保温墙板生产图纸，进行预制混凝土夹心保温墙板生产方案的设计。完成预制混凝土夹心保温墙板生产方案的编写，并依据编写的生产方案进行预制混凝土夹心保温墙板三大模块的实操训练。主要实践内容如下：

（1）编写预制混凝土夹心保温墙板生产方案，包括各环节的质量控制点及控制措施；

（2）根据小组内部分，完成预制混凝土夹心保温墙板的生产；

（3）在预制混凝土夹心保温墙板的生产环节，完成各环节生产质量的检验并进行记录。

 任务评价

4. 成绩评定参考标准（表 4-1）

成绩评定标准　　　　　　　　　　　　　　　　　　　　　　表 4-1

任务	内容及评分标准	总分
预制混凝土夹心保温板生产工艺训练	(1)预制混凝土夹心保温墙板生产方案(35 分)：模板生产方案 10 分,钢筋及预埋件生产方案 15 分,混凝土生产方案 10 分。 (2)预制混凝土夹心保温墙板生产实操(50 分)：小组合作 10 分,模板组装 15 分,钢筋及预埋件安放与绑扎 15 分,混凝土工程浇筑 10 分。 (3)生产过程质量验收记录表填写的完整性(15 分)	100 分

5. 项目课时安排

"预制混凝土夹心保温墙板生产工艺训练"项目，总课时为 8 学时，具体安排见表 4-2。

项目课时安排 表 4-2

序号	实践内容	学时	备注
1	预制混凝土夹心保温墙板生产方案:通过讨论、查询资料等方式,以小组为单位,完成预制混凝土夹心保温墙板生产方案的编写	4	若课堂时间不足,学生可利用课后时间完成
2	预制混凝土夹心保温墙板实操:完成预制混凝土夹心保温墙板的生产操作,并填写生产过程质量验收记录表	4	
合计		8	

6. 注意事项

（1）课前学习

学习回顾预制混凝土夹心保温墙板生产工艺,重点复习模板工程、钢筋及预埋件工程和混凝土工程的生产操作要点及注意事项。

（2）资料准备（或仪器设备等）

1）教材、装配式混凝土结构相关制图标准及生产规范、纸、笔。

2）相关生产工具由教师准备。

3）完成任务过程中小组成员之间可互相讨论、协助,增强团队协作能力培养。

7. 应交资料

（1）预制混凝土夹心保温墙板生产方案;

（2）预制混凝土夹心保温墙板生产分工表;

（3）预制混凝土夹心保温墙板构件生产过程图片;

（4）生产过程质量验收记录表。

8. 小组任务分工表、生产过程质量验收记录表（表 4-3 和表 4-4）

小组任务分工表 表 4-3

项目名称		组别	
工位长			
品质管理员			
模板工			
钢筋工			
混凝土工			
小组合作情况 （满分 10 分）			

生产过程质量验收记录表　　　　　　　　　　　　　　　　表 4-4

项目名称					
组别					
检查项目			允许偏差(mm)	检查结果	是否满足
构件模板安装	长度				
	宽度				
	厚度				
	侧向弯曲				
	表面平整度				
	相邻模板表面高差				
	对角线差				
	翘曲				
钢筋安装	钢筋网	长、宽			
		网眼尺寸			
	钢筋骨架	长			
		宽、高			
	纵向受力钢筋	锚固长度			
		间距			
		排距			
	钢筋保护层厚度				
	箍筋间距				
	钢筋弯起点				
	钢筋外露长度				
预埋件安装	中心线位置偏移				
	预埋管、预留孔洞中心位置				
	预埋螺栓中心线位置				
	预埋螺栓外露长度				

思考与练习

1. 简述保温墙板的分类及其特征。
2. 简述钢筋灌浆套筒的分类及其构造形式，并说明不同灌浆套筒的应用范围。
3. 简述预制实心剪力墙钢筋工序操作的注意事项。
4. 简述预制保温外挂墙保温板工序操作的注意事项。
5. 简述预制保温外挂墙中拉结件的作用。

Chapter 05

项目 5

异形构件生产

 学习目标

　　预制构件中常见的规则构件包括叠合梁、叠合板以及预制墙板，而预制异形构件主要包括楼梯、凸窗、飘窗以及阳台板。相较于规则预制构件的生产，异形构件生产较复杂。项目 5 内容围绕常见异形构件的生产过程展开，对各工序的操作内容及操作期间的注意事项进行重点讲解。通过项目 5 内容的学习，学习者首先应能对异形构件基本概念及工程应用有基本的掌握。通过与规则构件的对比，能够更深层次的掌握两者之间的不同。

课程思政

　　学习了预制构件中常见规则的构件，引发学生对预制异形构件进行思考，培养学生探究创新的能力，养成良好的自主学习专业新知识和信息获取能力，培养学生追求真理、实事求是、勇于探究与实践的创新精神。

　　引导学生在学习过程中积极思考，敢于提出质疑，学会触类旁通，激发学生的学习兴趣，培养良好的建筑职业素养。

项目导入

　　本项目以异形构件生产为重点展开，首先讲解了各异形构件的特点及工程应用。学习者要能够掌握各异形构件的基本知识。在通过联系前文中几类规则构件的生产知识，完成楼梯、凸窗、飘窗以及阳台板等预制构件的生产。

思维导图

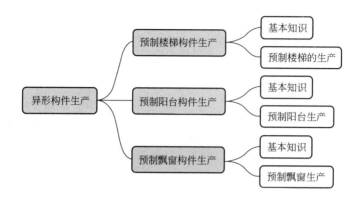

任务 5.1　预制楼梯构件生产

任务引入

　　预制楼梯构件作为异形构件的一种，通常采用固定立模生产。在生产环节中主要分为模板、钢筋及混凝土等操作工序。本节授课内容可概括如下：一、预制楼梯构件的基本知识，本部分主要以楼梯构件的相关基本知识要点展开，以理论授课为主；二、预制楼梯构件的生产，基于梁、板、墙构件生产的相关知识，完成预制楼梯构件的生产。

任务实施

5.1.1　基本知识

　　根据预制楼梯中预制构件的大小，预制楼梯分为小型构件装配式楼梯、中型构件装配式楼梯和大型构件装配式楼梯。其中小型构件装配式楼梯是将楼梯分为预制踏步、平台板、支撑结构三个部分；中型构件装配式钢

微课 5.1.1　　　微课 5.1.2
楼梯 1　　　　　楼梯 2

筋混凝土楼梯一般由楼梯段和平台两个部位装配而成；大型构件装配式钢筋混凝土楼梯是将楼梯、梁、平台预制成一个构件，断面可做成板式或空心板式、双梁槽板式或单梁式。预制踏步的支撑方式一般有墙承式、悬臂踏步式、梁承式三种。预制楼梯示意图如图 5-1、图 5-2 所示。

　　根据不同类型楼梯预制构件划分的大小可以看出，小型构件装配式钢筋混凝土楼梯的主要特点是构件小而轻、易制作，但由于划分的构件小而多，故后期吊装施工繁而慢，湿作业多，耗费人力，适用于施工条件较差的地区；而中、大型预制楼梯构件，事先将小构件进行了归集，在构件生产中，可以减少预制构件的品种和梳理，利于吊装工具进行安装，从而简化施工、加快速度、减轻劳动强度。

　　与传统现浇混凝土施工作业相比，预制楼梯按照严格的尺寸进行设计生产，更易安装

图 5-1　预制楼梯示意图 1

图 5-2　预制楼梯示意图 2

和控制质量，不仅能够缩短建设的工期，还能做到结构稳定，减少裂缝和误差。

5.1.2　预制楼梯的生产

预制楼梯生产工艺可分为清理模板→绑扎钢筋→安放预埋件→合模→混凝土工程→抹面及压光。

模板清理过程中，要注意清理模板内表面的混凝土残渣，防止影响成型构件的表面美观度；对于模板夹缝出的混凝土，亦要及时清理干净，为后期合模做准备。预制楼梯模板清理如图 5-3 所示。在进行模板清理的同时，可进行预制楼梯预埋件的绑扎，在绑扎过程中首先保证钢筋下料正确无误；钢筋绑扎时要注意尺寸的校核，避免后期返工。预制楼梯钢筋绑扎如图 5-4 所示。

基于模板工程及钢筋绑扎工程，同时可进行预埋件的安装工作。在预制楼梯生产过程中，常见的预埋件包括吊钉的安装、扶手栏杆预埋件和插筋预留孔预埋件以及混凝土保护层预埋件。吊钉安装要注意安装的位置及安装的深度，保证后期构件起吊安全。对于扶手预埋件，可采用预埋螺栓孔或预埋铁件，然后采用焊接的方式进行扶手安装。插筋预留孔

图 5-3 预制楼梯模板清理

图 5-4 预制楼梯钢筋绑扎

预埋件的安装要注意隔离剂的涂刷及钢筋绑扎位置的预留，不可与钢筋笼位置相冲突。预埋件相关安装操作如图 5-5～图 5-7 所示。

钢筋绑扎及预埋件处理完毕之后，将钢筋笼放入模板之中，然后进行相关拉结件的安放。待钢筋、预埋件全部完工之后，进行合模操作，相关模板固定装置拉结紧密，防止在混凝土振捣过程中模板或预埋件偏位。可使用密封胶带提高模板的密封情况，防止混凝土漏浆，造成预制楼梯蜂窝麻面。相关操作如图 5-8～图 5-11 所示。

图 5-5　预制楼梯吊钉安装

图 5-6　扶手栏杆预埋件安装

图 5-7　喷涂隔离剂

图 5-8　钢筋笼安放

图 5-9　拉结件绑扎

图 5-10　保护层工位安装

图 5-11　模板固定件

　　待模板、钢筋和预埋件全部完工之后，进行混凝土工位操作（图 5-12 和图 5-13）。在混凝土布料及浇捣过程中应注意以下几点问题：

　　（1）布料速度应均匀，混凝土振捣过程中应采用快插慢拔的方式。由于预制楼梯模板为立模，高度较高。在振捣棒振捣过程中应插入至模板底部。振捣间距为 15～20cm，每处振捣时间为 20～30s，或根据混凝土的坍落度调整振捣的时间。

　　（2）由于模板内有钢筋和预埋件等部件，振捣时应避开，防止振捣棒挤压钢筋或预埋件，导致部分部件偏移。

图 5-12　混凝土浇筑

图 5-13 混凝土振捣

混凝土振捣完毕之后，进行构件表面的抹面与压光。初次抹面的时间一般控制在混凝土振捣完毕静置 1h 之后。压光的目的是将预制楼梯表面的浮浆清除，对于不平之处压至于模板外边缘平齐，保证构件的成形质量。操作过程如图 5-14 所示。

图 5-14 构件表面抹面与压光

混凝土工序操作完毕之后，进行混凝土的养护工作。由于预制楼梯体积较大，预制现场一般采用自然养护或覆盖保湿养护。待强度检测达到要求，进行预制楼梯的拆模和吊装。

任务5.2 预制阳台构件生产

任务引入

预制阳台分为叠合板式预制阳台和全预制梁式阳台，本节内容围绕预制阳台生产工艺展开讲解。对预制阳台生产准备工作、工艺工法以及质量控制点等方面深入讨论。本节授课内容可概括如下：一、预制阳台构件的基本知识，该部分内容首先给出了预制阳台的构造形式，讲解预制阳台分类的基本知识；二、预制阳台的生产，使得学生具备生产以及指导他人进行生产的能力。

任务实施

5.2.1 基本知识

工程中常见的预制阳台构件可分为两种：叠合板式预制阳台和全预制梁式阳台。如图 5-15 可以看出叠合板式预制阳台是将阳台板分两次制作：第一次为工程预制，第二次为现场现浇，这样减轻了预制阳台的重量，方便

微课 5.2.1 微课 5.2.2
阳台板 1 阳台板 2

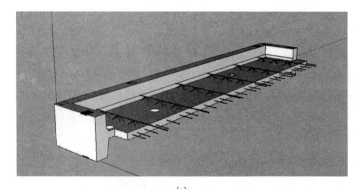

(a)

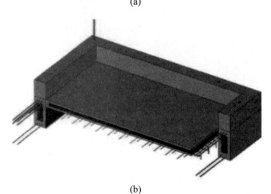

(b)

图 5-15 叠合板式预制阳台

（a）叠合板式预制阳台；（b）全预制梁式阳台

后期的吊装施工。后期混凝土二次浇筑工序中，将阳台板与楼板同时浇筑，增加了阳台板与楼板的整体连接。并且方便了阳台板排水坡度的制作。相较于叠合板式预制阳台，全预制梁式预制阳台在工厂一次制作完毕，没有现场湿作业，减少了施工工序。

5.2.2 预制阳台生产

预制阳台生产中首先进行初次模具工位操作，初次模具工位操作要不影响后期预埋件及钢筋工位操作。否则应在钢筋工位及预埋件工位之后再进行模具安装、阳台模具安装前，对照阳台模具的生产图纸及相关质量验收标准检验模具的型号，尺寸及平整度是否满足要求。并按照一定的顺序对模具进行编号，防止错用模具影响后期的施工。个别模具表面残留的混凝土、水泥浆及锈迹应清除干净，保证预制成型的阳台外表面美观。预制阳台通常采用固定模具生产，故模具工位包括侧模及端模的安装，一般宜先安装侧模再安装端模，初次模具工位操作如图5-16所示。初次模具工位完工之后，进行隔离剂的喷涂。隔离剂喷涂应均匀，尤其对于阴角、阳角、键槽等部位更应注意避免有隔离剂积液。

图5-16 清理混凝土残渣

在底座模具清理并涂刷隔离剂之后进入钢筋工位。钢筋工位操作之前，钢筋下料工应根据预制混凝土阳台生产图纸确定钢筋的品种、级别、规格、长度和数量，并提前备料加工。预制混凝土阳台钢筋网片绑扎时必须保证所有受力筋及箍筋的保护层厚度，严格保证外露插筋的尺寸，保证预制混凝土阳台梁的箍筋与纵向钢筋的间距。上述各项保证措施应在钢筋工位操作之前由技术人员对操作工人进行安全交底。钢筋工位操作如图5-17和图5-18所示。

在钢筋绑扎的同时，可进行预埋件工位的操作。预制阳台中的预埋件种类包括吊钉、各种管线等。在预埋件施工之后，应对照图纸确认预埋件的种类，数量，位置等信息。预埋件的固定可采用与预制阳台板内钢筋拉结或焊接固定。电线盒或管线的布置应避开板内钢筋，固定措施应可靠，如图5-19和图5-20所示。

钢筋及预埋件工位操作完毕之后，在初次拼装完成的模具上，利用紧固装置将整套模具固定进而完成模板整体的安装。模具的安装要做到紧固、不漏浆。对于拐角处易漏浆的部位，可用密封贴条进行封堵。模具安装完毕之后，进行全方位的检查，主要检查模具连接、模具位置以及模具的尺寸和变形是否满足要求。具体操作如图5-21所示。

图 5-17　阳台梁箍筋焊接

图 5-18　外露钢筋尺寸校核

图 5-19　预埋管线安装

图 5-20　吊钉安装及固定

图 5-21　模具拼装

完成模板、钢筋及预埋件工位之后，下一工序进入混凝土的浇筑。在混凝土浇筑之前，应进行隐蔽工程的验收。主要验收项目如下：

（1）由于后续的钢筋、预埋件操作，不可避免地会剐蹭到模板表面涂刷的隔离剂。故应检查隔离剂的剐蹭程度。对剐蹭程度严重的部位进行补刷隔离剂。但需要注意，补刷隔离剂过程中不得污染钢筋、管线和预埋件。

（2）根据预制混凝土阳台生产图纸检验管线、预埋件安装位置。检查、检验的标准应参照国家标准或行业标准，具体可参照：管线位置允许误差±5mm，预埋件中心线位置允许误差±2mm。

（3）对钢筋的品种、规格、数量及位置进行核对，尤其是钢筋的保护层工装，要安装到位。对于不利于混凝土浇筑的狭小空间，可在征得设计单位同意的基础之上进行调整。

完成以上隐蔽工程检验之后，进行混凝土浇筑工位操作。混凝土的配合比设计应满足强度、和易性等方面的要求。预制阳台混凝土浇筑宜采用一次浇筑，浇筑过程应均匀、平稳，避免突然下料压迫钢筋及预埋件，导致位置偏移。由于预制阳台厚度不到，可采用平板振动器或振捣棒进行振捣，把控好振捣时间避免出现过振或者欠振。振捣过程中，振捣棒不要接触到预埋件。浇筑混凝土如图 5-22 所示。

图 5-22　混凝土浇筑

为了提高预制阳台表面的美观性，浇筑完毕的混凝土应进行混凝土表面处理。具体处理事项如下：

（1）在混凝土初凝前，先使用刮杠将混凝土表面刮平之模具上表面，保证构件形状、尺寸符合要求；

（2）使用抹子对构件表面进行初抹平（图 5-23）。保证构件表面没有外露的石子，或出现凹凸不平的现象；对模板边侧进行处理，防止超厚或者毛边；

图 5-23　混凝土初步抹平

（3）混凝土终凝前，对构件表面进行压光和找平（图 5-24）；使得构件表面无裂纹、无气泡、无杂质。

图 5-24　混凝土压光

压光抹面完工之后，进入混凝土的养护工作。根据选取的水泥品种、温度和湿度决定混凝土养护的时间。预制阳台一般采用自然养护或覆盖保湿养护。待混凝土强度达到拆模要求时即可进行拆模工作，若没有特殊固定，一般混凝土强度等级不低于混凝土设计强度的 75％ 且不应小于 15MPa。模板拆除应遵循一定的拆模顺序，一般按模板安装相反的顺序进行。拆模之前应先拆除各类固定工位和螺栓。在拆模过程中不得损害构件，保证预制阳台的表面、棱角及封边处不受损伤。所有边模拆除完毕之后，进行构件的吊装。吊装过程应平稳，放置于空旷区域等候运输。构件拆模与起吊如图 5-25 和图 5-26 所示。

图 5-25　构件拆模

图 5-26　构件起吊

任务 5.3　预制飘窗构件生产

任务引入

　　本部分内容以预制飘窗构件的生产工艺为重点，对构件在生产过程中需要注意的质量问题及预防措施给予讲解。本节授课内容包括：一、预制飘窗构件的基本知识，该部分内容首先给出了预制飘窗的构造形式，讲解预制飘窗的分类基本知识；二、预制飘窗构件的生产，介绍了预制飘窗构件的生产工艺，在顺利完成预制飘窗生产的基础之上，使得学生具备指导他人进行施工的能力。

任务实施

5.3.1　基本知识

　　预制飘窗构件为预制构件的一种。对于住宅建筑，设计适宜的飘窗不但能够带来优美的外观而且可以增加室内的采光效果。在结构设计方面，飘窗一般设计为上下两块挑出的钢筋混凝土板。在装配式混凝土建筑结构中，飘窗一般不单独设计悬挑的混凝土板。而是将它们连同墙体、梁等构件一块做成整体式预制构件，如图 5-27 所示。图 5-28 给出了另一种飘窗形式，对比图 5-27 可以看出，若将飘窗左右两侧的连墙去除，飘窗构件仅剩上下两块悬挑的板，可进一步增加室内的采光效果，开阔了室内人员的视野。该种形式的飘窗通过叠合梁及预留的插筋与主体相连，受力形式较第一种飘窗复杂。

　　对于预制飘窗构件的生产过程，本文以第一种飘窗为例进行讲解。第二种飘窗的生产可参见预制阳台构件生产。请扫描观看两种形式的飘窗构件生产视频。

微课 5.3.1
凸窗 1

微课 5.3.2
凸窗 2

图 5-27　预制飘窗 1

图 5-28　预制飘窗 2

5.3.2　预制飘窗生产

预制飘窗构件与其他预制构件相比，在构件生产环节难度较大。一方面在于模板图与配筋图较复杂，识图过程难度提高。另一方面，由于模板不规则，拼接安装复杂程度提高，增加了后期拆模难度。

预制飘窗构件生产一般采用固定模台生产。首先进行模板工位操作，使用拖把将喷涂的隔离剂涂抹均匀，并对模板内表面残留的混凝土进行清扫。由于预制飘窗外形不规则，存在较多的阴阳角落，故在喷涂隔离剂过程中，既要避免漏喷，也要注意角落处不要有积液。同理，在清扫模板内表面时，各角落、缝隙处的混凝土务必清理干净。如图 5-29 所示。

待模板清理完毕之后，进行模板的组装阶段。在组模过程中，内部同时可进行钢筋的排布。钢筋工位对构件受力性能影响较大，故钢筋排布过程中应对照图纸进行，如图 5-30 所示。

图 5-29　喷涂隔离剂

图 5-30　模板组装与钢筋排布

外围模板吊装到位之后，进行钢筋的绑扎及模板的连接操作（图 5-31、图 5-32）。钢筋绑扎过程中应注意以下几点：

（1）检查钢筋规格、型号及数量是否符合设计图纸。若存在出入，应及时和下料人员联系进行补充或更换；

（2）钢筋间距及绑扎应符合设计图纸，避免依靠感觉控制钢筋的间距；

（3）注意混凝土保护层垫块或者垫片的设置，要使得成型的构件满足钢筋保护层厚度的要求；

（4）各类加强筋、拉结筋的数量及绑扎的位置应符合要求，尤其对于边角、拐角处的加强筋，对构件受力性能影响较大。

由于钢筋工程为隐蔽工程，故在钢筋绑扎完毕之后，技术人员应进行检查验收，对于不符合规定的地方，应让施工人员更正，二次检查符合要求，才能进行下一工位的操作。

图 5-31　钢筋绑扎

图 5-32　钢筋垫片绑扎

在钢筋绑扎的同时，部分预埋件也可进行安装。飘窗构件中的预埋件包括预埋吊钉、预埋管线。各类预埋件的安装均需保证预埋的位置准确。预埋件对后期构件的吊装施工影响较大，错误的预埋件会造成构件拼接不严密、水电管线走位不正确等情况。而预埋吊钉的安装关系到构件起吊的安全性，不容忽略。部分预埋件安装示意图如图 5-33～图 5-35 所示。

图 5-33　预埋水管安装

图 5-34　预埋灌浆孔安装

钢筋及预埋件工位操作完毕之后，进行混凝土的浇筑。混凝土的浇筑秉承浇筑均匀、振捣密实、养护到位的原则。由于预制飘窗构件外形不规则，对于拐角、边角处的混凝土应浇筑到位，振捣充分。若混凝土浇筑高度较高，振捣时振捣棒应插入到底部，采用快插慢拔的方式进行，如图 5-36 所示。

图 5-35　预埋吊钉安装

图 5-36　混凝土浇筑与振捣

混凝土工位操作完毕之后，进行构件的养护。构件的养护时间随外界温度与湿度的不同而不同。在拆模之前，应对构件的强度进行检测，待构件强度达到要求可进行模板的拆除。拆模过程应注意保护构件边角处不受损害，拆除的模板及时调离。模板拆模如图 5-37所示。

图 5-37　模板拆除

微课 5.3.3
飘窗 1

微课 5.3.4
飘窗 2

思考与练习

1. 预制楼梯分为哪几类，各自有哪些特征？
2. 简述预制楼梯各工序的操作注意事项。
3. 简述预制阳台各工序的操作注意事项。
4. 简述预制飘窗各工序的操作注意事项。
5. 与规则预制构件相比，异形构件生产中存在哪些难点？

项目6

预制构件生产质量验收

Chapter 06

学习目标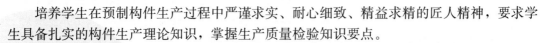

本项目内容围绕预制构件生产质量验收展开。讲解了预制构件验收的总体要求，然后针对构件生产环节各验收项目、验收规定及验收标准展开。通过对项目 6 的学习，学生需对构件生产环节的验收项目有所了解，重点要掌握验收的方法及验收的标准。具备指导工人生产施工及构件生产交底的能力。

课程思政

培养学生在预制构件生产过程中严谨求实、耐心细致、精益求精的匠人精神，要求学生具备扎实的构件生产理论知识，掌握生产质量检验知识要点。

强化学生职业素养养成和专业技术积累，将专业精神、职业精神和工匠精神融入人才培养全过程，在预制构件生产过程中让学生养成自主学习专业新知识的态度，养成工程师从业所需的吃苦耐劳的品质。

项目导入

通过本项目内容的学习，承接前期预制构件生产环节，进行各生产环节预制构件的质量验收。针对验收过程中出现的问题，提出改进的方案及措施。并针对验收内容及验收结果，出具各预制构件的验收报告。

思维导图

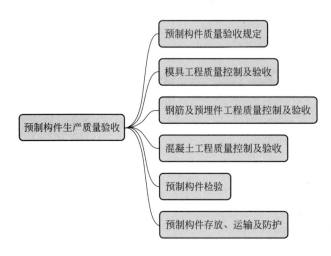

微课 6.1.1
预制构件生产质量检验与成品验收 1

微课 6.1.2
预制构件质量检验与成品验收 2

任务 6.1　预制构件质量验收规定

任务引入

本部分内容为预制构件质量验收的概述部分。综述了预制构件验收过程中的注意事项。通过本部分内容的学习，首先应能够对预制构件验收有总体的认识，并能够对不同预制构件验收的项目及相关注意事项有所了解和认识。

任务实施

预制构件生产单位应具备保证产品质量要求的生产工艺设施、试验检测条件，建立完善的质量管理体系和制度，并宜建立质量可追溯的信息化管理系统。预制构件生产前，应进行预制构件生产方案的交底和生产图纸的会审。交底和会审应由建设单位组织设计、生产、施工单位进行。必要时，应根据批准的设计文件、拟定的生产工艺、运输方案、吊装方案等编制预制构件加工详图。生产方案中宜包括生产计划及生产工艺、模具方案及计划、技术质量控制措施、成品存放、运输和保护方案等。

在预制构件生产过程中，为了保障构件的生产质量需对生产材料进行检验和试验。生产单位的检测、试验、张拉、计量等设备及仪器仪表均应检定合格，并应在有效期内使用。对于不具备试验能力的检验项目，生产单位可委托第三方检测机构进行试验。

生产原材料的性能对预制构件的质量影响较大。预制构件的原材料质量、钢筋加工和连接的力学性能、混凝土强度、构件结构性能、装饰材料、保温材料及拉结件的质量等均应符合相关的国家现行有关标准，相关的检测过程应记录在案。

预制构件生产过程中，应根据生产流程对模具、钢筋、混凝土、预应力、预制构件等操作工序进行一次检验和验收。预制构件的质量评定亦根据上述工序进行。当上述各检验项目的质量均合格时，方可评定为合格产品。

预制构件生产中采用新技术、新工艺、新材料、新设备时,根据相关规范,生产单位应制定专门的生产方案。必要时进行样品试制,经检验合格后方可实施。对于检测合格的预制构件,宜在表面设置标识。预制构件出厂时,生产单位应出具质量证明文件。

任务6.2 模具工程质量控制及验收

任务引入

本部分内容围绕预制构件的模具工程展开。讲解了预制构件模具工程验收的总体要求,并通过表格的方式对检验项目、检验标准进行深入讲解。通过本部分内容的学习,可对前期预制构件生产过程中的模具工程进行验收,通过实际的验收训练加强本部分内容的学习,提升实际动手操作能力。

任务实施

在预制构件生产前,生产单位应充分考量预制构件的生产工艺、产品类型等方面。根据不同的生产工艺和产品类型制定构件模具方案。生产单位应建立健全模具验收、使用制度。

预制构件生产模具应具有足够的强度、刚度和稳定性,并应符合下列规定:(1)模具的拼装与拆卸应方便,并应满足预制构件质量、生产工艺和周转次数等要求;(2)对于异形构件,其结构造型较复杂或者预制构件的外形有特殊要求,该类预制构件的模具应制作样板,样板经检验合格方可批量制作;(3)模具各部件之间的连接应牢固,接缝应紧密,避免出现混凝土漏浆。附带的埋件或工装定位应准确,安装应牢固;(4)模具的底模、地坪或铺设的底板表面应平整光洁,不得有下沉、裂缝、起砂和起鼓,保证成型的预制构件表面平整度满足要求;(5)在浇筑混凝土前,模具表面应涂刷隔离剂,涂刷应均匀、无漏刷、无堆积,且不得污染钢筋,不得影响预制构件外观效果;(6)建立侧模、预埋件和预留孔洞定位措施的定期检查制度,以保证上述构件使用的有效性。模具不得出现变形和锈蚀等现象。长时间闲置的模具,重新启用时应检验合格后方可使用;(7)模具部件连接使用的螺栓、定位销、磁盒等固定方式应可靠,防止混凝土振捣成型时造成模具偏移和漏浆。

除设计有特殊要求外,预制构件模具尺寸偏差和检验方法应符合表6-1的规定。构件上的预埋件和预留孔洞宜通过模具进行定位,并安装牢固,其安装偏差应符合表6-2的规定。

预制构件模具尺寸允许偏差和检验方法 表6-1

序号	检验项目、内容		允许偏差(mm)	检验方法
1	长度	6m≥	1,-2	用尺量平行构件高度方向,取其中偏差绝对值较大处
		6m>且≤12m	2,-4	
		12m>	3,-5	

续表

序号	检验项目、内容		允许偏差(mm)	检验方法
2	宽度、高度或厚度	墙板	1,−2	用尺测量两端或中部,取其中偏差绝对值较大处
		其他	2,−4	
3	底模平面平整度		2	用2m靠尺或塞尺量
4	对角线差		3	用尺量对角线
5	侧向弯曲		$L/1500$且5	拉线,用钢尺量测侧向弯曲最大处
6	翘曲		$L/1500$	对角拉线测量交点间距离值的两倍
7	组装缝隙		1	用塞片或塞尺量测,取最大值
8	端模和侧模高低差		1	用钢尺量

注:L为模具与混凝土接触面中最长边的尺寸。

模具上预埋件、预留孔洞安装允许偏差　　　　　　表6-2

序号	检验项目、内容	允许偏差(mm)	检验方法
1	预埋钢板、建筑幕墙用槽式预埋件	3(中心线位置)	用尺量测纵横两个方向的中心线位置,取其中较大者
		±2(平面高差)	钢直尺和塞尺检查
2	预埋管、电线盒、电线盒水平和垂直方向的中心位置偏移、预留孔、浆锚搭接预留孔(或波纹管)	2	用尺量测纵横两个方向的中心线位置,取其中较大者
3	插筋	3(中心线位置)	用尺量测纵横两个方向的中心线位置,取其中较大者
		+10,0(外露长度)	用尺量测
4	吊环	3(中心线位置)	用尺量测纵横两个方向的中心线位置,取其中较大者
		0,−5(外露长度)	用尺量测
5	预埋螺栓	2(中心线位置)	用尺量测纵横两个方向的中心线位置,取其中较大者
		+5,0(外露长度)	用尺量测
6	预埋螺母	2(中心线位置)	用尺量测纵横两个方向的中心线位置,取其中较大者
		±1(平面高差)	用尺量测
7	预留洞	3(中心线位置)	用尺量测纵横两个方向的中心线位置,取其中较大者
		±1(尺寸)	用尺量测纵横两个方向的尺寸,取其中较大者
8	灌浆套筒及连接钢筋	1(灌浆套筒中心线位置)	用尺量测纵横两个方向的中心线位置,取其中较大者
		1(连接钢筋中心线位置)	用尺量测纵横两个方向的中心线位置,取其中较大者
		+5,0(连接钢筋外露长度)	用尺量测

注:L为模具与混凝土接触面中最长边的尺寸。

　　预制构件中预埋门窗框时,应在模具上设置限位装置进行固定,并应逐件检验。门窗框安装偏差和检验方法应符合表6-3的规定。

门窗框安装允许偏差和检验方法 表6-3

项目	检验项目、内容	允许偏差(mm)	检验方法
锚固脚片	中心线位置	5	钢尺检查
	外露长度	+5,0	钢尺检查
门窗框位置		2	钢尺检查
门窗框高、宽		±2	钢尺检查
门窗框对角线		±2	钢尺检查
门窗框的平整度		2	钢尺检查

任务6.3 钢筋及预埋件工程质量控制及验收

 **任务引入**

本部分内容围绕预制构件的钢筋及预埋件工程展开。讲解了预制构件钢筋及预埋件工程验收的总体要求，并通过表格的方式对检验项目、检验标准进行深入讲解。通过本部分内容的学习，学习者可对前期预制构件生产过程中的钢筋及预埋件工程进行验收，通过实际的验收训练加强本部分内容的学习，提升实际动手操作能力。

任务实施

预制构件生产过程中使用的钢筋宜采用自动化机械设备加工，钢筋的加工应符合现行的国家标准《混凝土结构工程施工规范》GB 50666—2011。预制构件生产过程中钢筋的绑扎除应符合 GB 50666—2011 的有关规定外，尚应符合下列规定：

（1）钢筋接头的方式、位置、同一截面受力钢筋的接头百分率、钢筋的搭接长度及锚固长度等应符合设计要求和国家现行有关标准的规定；

（2）钢筋焊接接头、机械连接接头和套筒灌浆连接接头均应进行工艺检验，试验结果合格后方可进行预制构件生产；

（3）螺纹接头和半灌浆套筒连接接头应使用专用扭力扳手拧紧至规定扭力值；

（4）钢筋焊接接头和机械连接接头应全数检查外观质量；

（5）焊接接头、钢筋机械连接接头、钢筋套筒灌浆连接接头力学性能应符合现行行业标准《钢筋焊接及验收规程》JGJ 18—2012、《钢筋机械连接技术规程》JGJ 107—2016 和《钢筋套筒灌浆连接应用技术规程》JGJ 355—2015 的有关规定。

对于待使用的钢筋半成品、钢筋网片、钢筋骨架和钢筋桁架等部件，在使用之前应进行检验，检验合格后方可进行安装。上述钢筋部件应符合下列规定：

（1）钢筋表面不得有油污，不应严重锈蚀；

（2）钢筋网片和钢筋骨架宜采用专用吊架进行吊运。

（3）混凝土保护层厚度应满足设计要求。保护层垫块宜与钢筋骨架或网片绑扎牢固，按梅花状布置，间距满足钢筋限位及控制变形要求，钢筋绑扎丝甩扣应弯向构件内侧。

（4）钢筋成品的尺寸偏差和检验方法应符合表 6-4 的规定，钢筋桁架的尺寸允许偏差应符合表 6-5 的规定。

钢筋成品的允许偏差和检验方法 表 6-4

检验项目、内容		允许偏差（mm）	检验方法
钢筋网片	长、宽	±5	钢尺检查
	网眼尺寸	±10	尺量连续三挡，取最大值
	对角线	5	钢尺检查
	端头不齐	5	钢尺检查
钢筋骨架	长	0，−5	钢尺检查
	宽	±5	钢尺检查
	高（厚）	±5	钢尺检查
	主筋间距	±10	尺量两端、中间各一点，取最大值
	主筋排距	±5	尺量两端、中间各一点，取最大值
	箍筋间距	±10	尺量连续三挡，取最大值
	弯起点位置	15	钢尺检查
	端头不齐	5	钢尺检查
	柱梁保护层	±5	钢尺检查
	板墙保护层	±3	钢尺检查

钢筋桁架尺寸允许偏差 表 6-5

检验项目、内容	允许偏差（mm）
长度	总长度的±0.3%，且不超过±10
宽度	+1，−3
高度	±5
扭翘	≤5

预制构件内部使用的预埋件在安装定位时所用的钢材及焊条，其性能应符合设计要求。预埋件加工允许偏差应符合表 6-6 的规定。

预埋件加工允许偏差 表 6-6

检验项目、内容	允许偏差（mm）	检验方法
预埋件锚板的边长	0，−5	钢尺检查
预埋件锚板的平整度	1	用钢尺、塞尺量测
锚筋长度	10，−5	钢尺检查
锚筋间距偏差	±10	钢尺检查

任务6.4 混凝土工程质量控制及验收

本部分内容围绕预制构件的混凝土浇筑工程展开。讲解了预制构件混凝土工程操作的总体要求。通过本部分内容的学习，可对前期预制构件生产过程中的混凝土工程进行质量控制，提升自己指导他人进行施工的能力。

任务实施

预制构件生产过程中的混凝土工程对预制构件外表面质量影响较大。在浇筑混凝土之前，生产工人及技术人员应对预制构件模板内部的隐蔽工程进行检查。预制构件生产过程中的隐蔽工程包括钢筋、预埋件等部件。隐蔽工程检查项目应包括：

（1）钢筋的牌号、规格、数量、位置和间距；

（2）纵向受力钢筋的连接方式、接头位置、接头质量、接头面积百分率、搭接长度、锚固方式及锚固长度；

（3）箍筋弯钩的弯折角度及平直段长度；

（4）钢筋的混凝土保护层厚度；

（5）预埋件、吊环、插筋、灌浆套筒、预留孔洞、金属波纹管的规格、数量、位置及固定措施；

（6）预埋线盒和管线的规格、数量、位置及固定措施；

（7）夹芯外墙板的保温层位置和厚度，拉结件的规格、数量和位置；

（8）预应力钢筋及其锚具、连接器和锚垫板的品种、规格、数量、位置；

（9）预留孔道的规格、数量、位置，以及灌浆孔、排气孔和锚固区的局部加强构造。

预制构件混凝土浇筑完毕之后，随即进行混凝土的振捣。混凝土宜采用机械振捣方式成型。振捣设备的选择应考虑如下几个方面的因素：混凝土的品种、工作性、预制构件的规格和形状等。混凝土浇筑、振捣之前应制定振捣成型操作规程。当采用振捣棒振捣时，应注意在振捣过程中，振捣棒应避开钢筋、预埋件等部位。混凝土浇筑、振捣过程中，操作人员应随时检查模具有无漏浆、变形和预埋件有无移位等现象。

对于不同类型的预制构件，有时需进行预制构件表面拉毛操作。在拉毛操作中，预制构件粗糙面成型应符合下列规定：

（1）可采用模板面预涂缓凝剂工艺，脱模后采用高压水冲洗露出骨料；

（2）叠合面粗糙面可在混凝土初凝前进行拉毛处理。

预制构件的混凝土操作工序，除混凝土浇筑、振捣和拉毛之外，还应注意预制构件后期的养护操作。预制构件养护完毕之后，进行预制构件脱模起吊。预制构件脱模起吊时的强度应计算确定，且不宜小于15MPa。预制构件养护应符合下列规定：

（1）应根据预制构件特点和生产任务量选择自然养护、养护剂养护或加热养护等方式；

（2）混凝土浇筑完毕或压面工序完成后应及时覆盖保湿，脱模前不得揭开；

（3）涂刷养护剂应在混凝土终凝后进行；

（4）加热养护可选择蒸汽加热、电加热或模具加热等方式；

（5）加热养护制度应通过试验确定，宜采用加热养护温度自动控制装置。宜在常温下预养护 2～6h，升、降温速度不宜超过 20℃/h，最高养护温度不宜超过 70℃。预制构件脱模时的表面温度与环境温度的差值不宜超过 25℃；

（6）夹芯保温外墙板最高养护温度不宜大于 60℃。

任务6.5 预制构件检验

任务引入

前期教学内容主要围绕各不同的操作工序检验标准及注意事项展开，重点是针对某一个操作工序。本部分内容承接前期知识点，围绕预制构件成型后的外观质量进行检验及评价。通过本部分内容的学习，应具备评判成型预制构件质量标准的能力，并能出具质量检验报告。

任务实施

预制构件生产时应采取措施避免出现外观质量缺陷。外观质量缺陷根据其影响结构性能、安装和使用功能的严重程度可按表 6-7 规定划分为严重缺陷和一般缺陷。

构件外观质量缺陷分类   表 6-7

名称	现象	严重缺陷	一般缺陷
漏筋	构件内钢筋未被混凝土包裹而外露	纵向受力钢筋有漏筋	其他钢筋有少量漏筋
蜂窝	混凝土表面缺少水泥浆而形成石子外露	构件主要受力部位有蜂窝	其他部位有少量蜂窝
孔洞	混凝土中空穴深度和长度均超过保护层厚度	构件主要受力部位有孔洞	其他部位有少量孔洞
夹杂	混凝土中夹有杂物且深度超过保护层厚度	构件主要受力部位有夹杂	其他部位有少量夹杂
疏松	混凝土中局部不密实	构件主要受力部位有疏松	其他部位有少量疏松
裂缝	缝隙从混凝土表面延伸至混凝土内部	构件主要受力部位有影响结构性能或使用功能的裂缝	其他部位有少量不影响结构性能或使用功能的裂缝
连接部位缺陷	构件连接处混凝土缺陷及连接钢筋、连接件松动，插筋严重锈蚀、弯曲，灌浆套筒堵塞、偏位、破损等缺陷。	连接件部位有影响结构传力性能的缺陷	连接件部位有基本不影响结构传力性能的缺陷

续表

名称	现象	严重缺陷	一般缺陷
外形缺陷	缺棱掉角、棱角不直、翘曲不平、飞出凸肋等装饰面砖粘接不牢、表面不平、砖缝不顺直等	清水或具有装饰的混凝土构件内有影响使用功能或装饰效果的外形缺陷	其他混凝土构件有不影响使用功能的外形缺陷
外表缺陷	构件表面麻面、掉皮、起砂、沾污等	具有重要装饰效果的清水混凝土构件有外表缺陷	其他混凝土构件有不影响使用功能的外表缺陷

预制构件尺寸偏差及预留孔、预留洞、预埋件、预留插筋、键槽的位置和检验方法应符合表6-8～表6-10的规定。预制构件有粗糙面时，与预制构件粗糙面相关的尺寸允许偏差可放宽1.5倍。

预制楼板类构件外形尺寸允许偏差及检验方法 表6-8

项次	检查项目			允许偏差(mm)	检验方法
1	规格尺寸	长度	＜12m	±5	用尺量两端及中间部，取其中偏差绝对值较大值
			≥12m且＜18m	±10	
			≥18m	±20	
2		宽度		±5	用尺量两端及中间部，取其中偏差绝对值较大值
3		厚度		±5	用尺量板四角和四边中间位置共8处，取其中偏差绝对值较大值
4		对角线		6	尺量两对角线长度，取其中绝对值的差值
5	外形	表面平整度	内表面	4	用2m靠尺放在构件表面，用楔形塞尺量测
			外表面	3	
6		楼板侧向弯曲		L/750且≤20mm	量线，钢尺量最大弯曲处
7		扭翘		L/750	四对角拉两条线，量测两线交点之间的距离，其值的2倍为扭值
8	预埋部件	预埋钢板	中心线位置偏差	5	用尺量测纵横两个方向的中心线位置，取其中较大值
			平面高差	0，−5	用尺紧靠在预埋件上，用楔形塞尺量测预埋件表面与混凝土表面的最大缝隙
9		预埋螺栓	中心线位置偏差	2	用尺量测纵横两个方向的中心线位置，取其中较大值
			外露长度	+10，−5	用尺量
10		预埋线盒、电盒	在构件表面水平方向中心位置偏差	10	用尺量
			与构件表面混凝土高差	0，−5	用尺量

项次	检查项目		允许偏差(mm)	检验方法
11	预留孔	中心线位置偏移	5	用尺量测纵横两个方向的中心线位置,取其中较大值
		孔尺寸	±5	用尺量测纵横两个方向尺寸,取其中最大值
12	预留洞	中心线位置偏移	5	用尺量测纵横两个方向的中心线位置,取其中较大值
		洞口尺寸、深度	±5	用尺量测纵横两个方向尺寸,取其中最大值
13	预留插筋	中心线位置偏移	3	用尺量测纵横两个方向的中心线位置,取其中较大值
		外露长度	±5	用尺量
14	吊环木砖	中心线位置偏移	10	用尺量测纵横两个方向的中心线位置,取其中较大值
		留出高度	0,−10	用尺量
15	桁架钢筋高度		+5,0	用尺量

预制墙板类构件外形尺寸允许偏差及检验方法　　　　表 6-9

项次	检查项目			允许偏差(mm)	检验方法
1	规格尺寸	高度		±4	用尺量两端及中间部,取其中偏差绝对值较大值
2		宽度		±4	用尺量两端及中间部,取其中偏差绝对值较大值
3		厚度		±4	用尺量板四角和四边中间位置共8处,取其中偏差绝对值较大值
4	对角线			5	尺量两对角线长度,取其中绝对值的差值
5	外形	表面平整度	内表面	4	用2m靠尺放在构件表面,用楔形塞尺量测
			外表面	3	
6		侧向弯曲		L/1000 且≤20mm	拉线,钢尺量最大弯曲处
7		扭翘		L/1000	四对角拉两条线,量测两线交点之间的距离,其值的2倍为扭值
8	预埋部件	预埋钢板	中心线位置偏差	5	用尺量测纵横两个方向的中心线位置,取其中较大值
			平面高差	0,−5	用尺紧靠在预埋件上,用楔形塞尺量测预埋件表面与混凝土表面的最大缝隙
9		预埋螺栓	中心线位置偏差	2	用尺量测纵横两个方向的中心线位置,取其中较大值
			外露长度	+10,−5	用尺量

续表

项次	检查项目			允许偏差（mm）	检验方法
10	预埋部件	预埋套筒、螺母	中心线位置偏差	2	用尺量测纵横两个方向的中心线位置,取其中较大值
			平面高差	0,-5	用尺紧靠在预埋件上,用楔形塞尺量测预埋件表面与混凝土表面的最大缝隙
11	预留孔		中心线位置偏移	5	用尺量测纵横两个方向的中心线位置,取其中较大值
			孔尺寸	±5	用尺量测纵横两个方向尺寸,取其中最大值
12	预留洞		中心线位置偏移	5	用尺量测纵横两个方向的中心线位置,取其中较大值
			洞口尺寸、深度	±5	用尺量测纵横两个方向尺寸,取其中最大值
13	预留插筋		中心线位置偏移	3	用尺量测纵横两个方向的中心线位置,取其中较大值
			外露长度	±5	用尺量
14	吊环木砖		中心线位置偏移	10	用尺量测纵横两个方向的中心线位置,取其中较大值
			与构件表面混凝土高差	0,-10	用尺量
15	键槽		中心线位置偏移	5	用尺量测纵横两个方向的中心线位置,取其中较大值
			长度、宽度	±5	用尺量
			深度	±5	用尺量
16	灌浆套筒及连接钢筋		灌浆套筒中心线位置	2	用尺量测纵横两个方向的中心线位置,取其中较大值
			连接钢筋中心线位置	2	用尺量测纵横两个方向的中心线位置,取其中较大值
			连接钢筋外露长度	+10,0	用尺量

预制梁柱桁架类构件外形尺寸允许偏差及检验方法　　　　　　表6-10

项次	检查项目			允许偏差（mm）	检验方法
1	规格尺寸	长度	<12m	±5	用尺量两端及中间部,取其中偏差绝对值较大值
			≥12m且<18m	±10	
			≥18m	±20	
2		宽度		±5	用尺量两端及中间部,取其中偏差绝对值较大值
3		高度		±5	用2m靠尺放在构件表面,用楔形塞尺量测

项次	检查项目			允许偏差(mm)	检验方法
4	表面平整度			4	尺量两对角线长度,取其中绝对值的差值
5	侧向弯曲	梁柱		$L/750$ 且≤20mm	拉线,钢尺量最大弯曲处
		桁架		$L/1000$ 且≤20mm	
6	预埋部件	预埋钢板	中心线位置偏差	5	用尺量测纵横两个方向的中心线位置,取其中较大值
			平面高差	0,−5	用尺紧靠在预埋件上,用楔形塞尺量测预埋件表面与混凝土表面的最大缝隙。
7		预埋螺栓	中心线位置偏差	2	用尺量测纵横两个方向的中心线位置,取其中较大值
			外露长度	+10,−5	用尺量
8	预留孔	中心线位置偏移		5	用尺量测纵横两个方向的中心线位置,取其中较大值
		孔尺寸		±5	用尺量测纵横两个方向尺寸,取其中最大值
9	预留洞	中心线位置偏移		5	用尺量测纵横两个方向的中心线位置,取其中较大值
		洞口尺寸、深度		±5	用尺量测纵横两个方向尺寸,取其中最大值
10	预留插筋	中心线位置偏移		3	用尺量测纵横两个方向的中心线位置,取其中较大值
		外露长度		±5	用尺量
11	吊环	中心线位置偏移		10	用尺量测纵横两个方向的中心线位置,取其中较大值
		留出高度		0,−10	用尺量
12	键槽	中心线位置偏移		5	用尺量测纵横两个方向的中心线位置,取其中较大值
		长度、宽度		±5	用尺量
		深度		±5	用尺量
13	灌浆套筒及连接钢筋	灌浆套筒中心线位置		2	用尺量测纵横两个方向的中心线位置,取其中较大值
		连接钢筋中心线位置		2	用尺量测纵横两个方向的中心线位置,取其中较大值
		连接钢筋外露长度		+10,0	用尺量

在预制构件生产前、生产过程中及生产后均需要对部分部件进行质量检验。便于操作人员及时发现问题,纠正问题以保证预制构件的生产质量。相关检验项目、检查数量及检验的方法如下:

（1）预制构件的预埋件、插筋、预留孔的规格、数量应满足设计要求：

检查数量：全数检验；

检验方法：观察和量测。

（2）预制构件的粗糙面或键槽成型质量应满足设计要求。

检查数量：全数检验；

检验方法：观察和量测。

（3）夹芯外墙板的内外叶墙板之间的拉结件类别、数量、使用位置及性能应符合设计要求

检查数量：按同一工程、同一工艺的预制构件分批抽样检验；

检验方法：检查试验报告单、质量证明文件及隐蔽工程检查记录。

（4）夹芯保温外墙板用的保温材料类别、厚度、位置及性能应满足设计要求。

检查数量：按批检查；

检验方法：观察、量测，检查保温材料质量证明文件及检验报告。

（5）混凝土强度应符合设计文件及国家现行有关标准的规定。

检查数量：按构件生产批次在混凝土浇筑地点随机抽取标准养护试件，取样频率应符合《混凝土强度检验评定标准》GB/T 50107—2010 规定；

检验方法：应符合现行国家标准《混凝土强度检验评定标准》GB/T 50107—2010 的有关规定。

任务 6.6　预制构件存放、运输及防护

本部分内容围绕预制构件的存放、运输和防护展开。对各环节中的注意事项及要求做重点讲解。通过本部分内容的学习，应能够指导他人进行预制构件的后处理操作；能够为后期预制构件的安全使用、运输制定出防护方案。

任务实施

预制构件生产、养护完毕之后，后续工作即为预制构件的吊装运输、预制构件的存放、预制构件成品保护以及预制构件的运输防护工作。下面就这四个方面结合相应的规范条文进行讲解、说明。

1. 预制构件吊装运输过程规定

（1）预制构件起重设备的选择应根据预制构件的形状、尺寸、重量和作业半径等要求进行选择。所采用的吊具和起重设备及其操作，应符合国家现行有关标准及产品应用技术手册的规定。

（2）吊点数量、位置应经计算确定，应保证吊具连接可靠，应采取保证起重设备的主钩位置、吊具及构件重心在竖直方向上重合的措施。

（3）吊索水平夹角不宜大于 $60°$，不应小于 $45°$。

（4）应采用慢起、稳升、缓放的操作方式，吊运过程应保持稳定，不得偏斜、摇摆、扭转，严禁吊装构件长时间悬停在空中。

（5）吊装大型构件、薄壁构件或形状复杂的构件时，应使用分配梁或分配桁架类吊具，并应采取避免构件变形和损伤的临时加固措施。

2. 预制构件存放规定

（1）存放场地应平整、坚实，并应有排水措施。

（2）存放库区宜实行分区管理和信息化台账管理。

（3）应按照产品品种、规格型号、检验状态分类存放，产品标识应明确、耐久，预埋吊件应朝上，标识应向外。

（4）应合理设置垫块支点位置，确保预制构件存放稳定，支点宜与起吊点位置一致。

（5）与清水混凝土面接触的垫块应采取防污染措施。

（6）预制构件多层叠放时，每层构件间的垫块应上下对齐。预制楼板、叠合板、阳台板和空调板等构件宜平放，叠放层数不宜超过 6 层。长期存放时，应采取措施控制顶应力构件起拱值和叠合板翘曲变形。

（7）预制柱、梁等细长构件宜平放且用两条垫木支撑。

（8）预制内外墙板、挂板宜采用专用支架直立存放，支架应有足够的强度和刚度，薄弱构件、构件薄弱部位和门窗洞口应采取防止变形开裂的临时加固措施。

3. 预制构件成品保护规定

（1）预制构件成品外露保温板应采取防开裂措施，外露钢筋应采取防弯折措施，外露预埋件和连结件等外露金属件应按不同环境类别进行防护或防腐、防锈。

（2）宜采取保证吊装前预埋螺栓孔清洁的措施。

（3）钢筋连接套筒、预埋孔洞应采取防止堵塞的临时封堵措施。

（4）外露骨料粗糙面冲洗完成后应对灌浆套筒的灌浆孔和出浆孔进行透光检查，并清理灌浆套筒内的杂物。

（5）冬期生产和存放的预制构件的非贯穿孔洞应采取措施防止雨雪水进入，发生冻胀损坏。

4. 预制构件运输过程防护规定

（1）预制构件运输过程中，应根据预制构件种类采取可靠的固定措施。

（2）对于特殊构件，比如构件超高、超宽或形状特殊的大型预制构件，在运输和存放过程中应制定专门的质量安全保证措施。

（3）预制构件在运输时宜采取如下防护措施：①设置柔性垫片避免预制构件边角部位或固定链索接触处的混凝土棱角发生损伤。②用塑料薄膜包裹垫块，避免预制构件外观污染。③墙板门窗框、装饰表面和棱角处应采用塑料膜或其他措施防护。④对于竖向的薄壁构件，应设置临时防护支架。⑤装箱运输时，箱内四周采用木材或柔性垫片填实，支撑牢固。

（4）根据预制构件的特点采用不同的运输方式，运输中所采用的托架、靠放架、插放架应进行专门设计，并应进行强度、稳定性和刚度验算，验算合格方可使用：①外墙板宜采用立式运输，外饰面层应朝外，梁、板楼梯、阳台宜采用水平运输。②采用靠放架立式运输时，构件与地面倾斜角度宜大于 $80°$，构件应对称靠放，每侧不大于 2 层，构件层间上部采用木垫块隔离。③采用插放架直立运输时，应采取防止构件倾倒措施，构件之间应设置隔离垫块。④水平运输时，预制梁、柱构件叠放不宜超过 3 层，板类构件叠放不宜超过 6 层。

思考与练习

1. 预制构件生产过程中，模具工程应检验哪些项目？
2. 预制构件生产过程中，钢筋和预埋件工程应检验哪些项目？
3. 预制构件生产过程中，混凝土工程质量控制的要点有哪些？
4. 简述预制构件质量检查的项目。
5. 预制构件运输过程中应注意哪些事项？

Chapter 07

项目**7**
预制构件生产安全管理概述

学习目标

本章节内容围绕预制构件安全管理与信息化管理展开。讲解了预制构件生产、存放、运输等方面的安全要求，主要结合装配式相关规范以及企业标准展开，并对 PCMEC 信息化管理流程进行简单介绍。通过本章节的学习，需对预制构件生产、存放、运输等环节的安全要求有所了解，能够掌握安全生产管理的要点。

课程思政

强化学生的安全责任意识，不仅要让学生懂安全，想安全，还要管安全。使学生牢固树立安全第一的思想，引导学生在遇到生产安全紧急事故时，能做出快速的应急反应，将事故损失最小化。

从预制构件生产、存放、运输等环节的安全要求，让学生更好地把握构件生产过程的细节性知识，让学生们更加关注每一个生产环节的注意事项。

项目导入

预制构件从构配件厂生产、运输至施工现场是否及时，影响着后续工序能否按施工计划正常展开。通过本章节内容的学习，对预制构件的生产、存放、运输等安全管理与信息化管理进行全方面的了解，能在预制构件生产方案中编制相应的环节内容，同时能通过安全与信息化管理提高产品质量。

思维导图

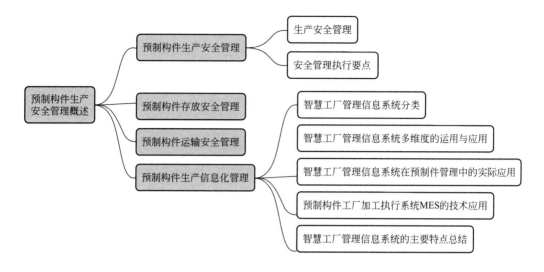

任务 7.1 预制构件生产安全管理

任务引入

　　本部分内容为预制构件生产安全管理的讲解。讲述了预制构件生产过程中需要注意的安全事项。通过本部分内容的学习，可以进一步提高学生对预制构件安全生产的总体认识，并能够对不同预制构件在不同环节的安全注意事项有所了解和认识。

任务实施

7.1.1 生产安全管理

　　PC 构件工厂要从安全角度出发，建立安全生产责任清单，明确每个岗位人员的安全生产责任。具体内容包括：（1）制定各个生产环节的操作流程。（2）制定每个作业岗位的操作规程。（3）制定各种机具设备的操作规程。（4）针对不同班组、不同工种制订劳保护用具的配置发放规定。

　　整个预制构件生产场地内要做到人车分流，厂区内的行车道路与人行道路要做好分区。设置成品预制构件的堆放区，待用模具的储存区及废弃模具的堆放区。

　　预制构件起吊过程中，需从以下几个方面加强安全措施：（1）起重机械起重前应进行全方位的安全检查。（2）起重人员上岗操作前，完成安全生产交底。（3）起重过程中，保证构件平稳，无明显的晃动。（4）起吊作业过程中，作业范围内严禁站人。

　　电气使用安全：（1）机械或设备的用电，必须按要求从指定的配电箱取用，不得私拉乱接。（2）使用过程中如发生意外，不要惊慌，应立即切断电源，然后通知维修人员修理。（3）严格禁止使用破损的插头、开关、电线。（4）电气设备和带电设备需要维护、维修时，一定要先切断电源再行处理，切忌带电冒险作业。（5）操作人员在当天工作全部完成后，一定要及时彻底地切断设备电源。

蒸汽安全：（1）蒸汽管道附近工作时，应小心勿被烫伤。（2）严格禁止坐到蒸汽管道上休息。（3）打开或关闭蒸汽门时，必须戴上厚实的手套以防被烫伤。

消防安全：（1）厂房内严禁吸烟，生产组长要经常性地对消防器材进行检查，发现有破损或数量不足时，要及时上报，以便及时维修和补充。（2）消防器材要放在易取用的明显位置，周围不得堆放物品，任何消防器材不可挪作他用。（3）驻厂员工禁止使用电热棒、电褥子等进行取暖。（4）职工宿舍禁止私接电线和使用电气设备，必须使用时要报厂长批准后方可使用。

7.1.2 安全管理执行要点

在生产安全管理执行过程中，当生产和安全发生矛盾时，生产要绝对服从安全。生产工人、生产组长是安全生产的直接行为人和监管人，厂长是安全生产的第一责任人。应做到以下两点：

1. 细化安全生产要点

（1）必须进行深入细致、具体定量的安全培训。

（2）新工人或调换工种的工人经考核合格，方可上岗。

（3）必须设置安全设施和备齐必要的安全工具。

（4）生产人员必须佩戴安全帽、防滑鞋、皮质手套等。

（5）必须确保起重机的完好，起重机工必须持证上岗。吊运前要认真检查索具和被吊点是否牢靠。

（6）在吊运构件时，吊钩下方禁止站人或有人行走。

（7）班组长每天要对班组工人进行作业环境的安全交底。

2. 排查安全隐患点

（1）高大模具、立式模具的稳定性。

（2）立式存放构件的稳定性。

（3）存放架的稳定性。

（4）外伸钢筋醒目提示标识。

（5）物品堆放防止磕绊的提示标识。

任务7.2 预制构件存放安全管理

任务引入

本部分内容围绕预制构件的存放安全管理展开。讲解了预制构件堆放、存放时的总体要求，从安全管理方面进行深入讲解。通过本部分内容的学习，可掌握预制构件存放要求与安全管理，并能够对不同预制构件的存放注意事项有所了解和认识。

任务实施

混凝土构件厂内起吊、运输时，混凝土强度必须符合设计要求；当设计无专门要求时，对非预应力构件不应低于混凝土设计强度等级值的 50%，对预应力构件，不应低于混凝土设计强度等级值的 75%，且不应小于 30MPa。

预制工厂应制定预制构件的存放方案，内容应包括堆放场地、固定要求、堆放支垫及成品保护措施等。对于超高、超宽、形状特殊的大型构件的存放应有专门的质量安全保证措施。构件应按发货顺序存放。构件应按吊装、存放的受力特征选择卡具、索具、托架等吊装和固定措施，并应符合下列要求：

（1）堆放构件的场地应平整坚实，并应有排水措施，堆放构件时应使构件与地面之间留有一定空隙。不使用泥土地面，容易泡水松软；不使用沥青地面，容易日晒软化；建议使用混凝土地面。

（2）构件应根据其刚度及受力情况，选择平放或立放，并应保持其稳定，按规定要求存放。垫块在构件下的位置宜与脱模、吊装时的起吊位置一致。堆垛应布置在吊车工作范围内，堆垛之间宜设宽度为 0.8~1.2m 的通道。

（3）构件堆放时，最下层构件应垫实。可以使用型钢作为底层支承，支承用枕木（钢架）应稳固不倾倒。不可使用拼接式枕木；支撑枕木应该用一体成型钢架。最下边一层垫木应是通长的，层与层之间应垫平、垫实。重叠堆放的构件，吊环应向上，标志应向外。其堆垛高度应根据构件与垫木的承载能力及堆垛的稳定性确定；各层垫木的位置应在一条垂直线上。

（4）垛高堆置一般如下：

预制楼板：不得超过 2.4m，不得超过 6 层。

预制楼板：不得超过 2.4m，不得超过 5 层。

预制梁柱：不得超过 2.4m，不得超过 3 层。

长期存放时，应采取措施控制预应力构件起拱值和叠合板翘曲变形。

（5）当采用靠放架堆放或运输构件时，宜采取直立运输方式。靠放架应具有足够的承载力和刚度，与地面倾斜角度宜大于 80°。墙板宜对称靠放且外饰面朝外，构件上部宜用木垫块隔离。运输时构件应采取固定措施，防止倾倒或下沉。对门窗口角部应注意加强保护。

（6）现场构件可采用单层摆放，为便于吊装，两构件间距大于 0.5m。所有构件底部均应加支垫，不得直接置于地上，至少垫高 200mm 以上。同时要防止构件堆放变形，禁止扭曲放置，尽量采用多点支垫。

（7）构件堆放时应按照便于安装的顺序进行堆放，即先安装的构件堆放在外侧或者便于吊装的地方。构件堆放时一定要注意把构件的编号或者标识露在外面或者便于查看的方向。构件堆放场地应设置围护措施，并作出安全警示。

（8）用叠层平放的方式堆放或运输构件时，应采取防止构件产生裂缝的措施。

（9）预制柱、梁等细长构件宜平放且用两条垫木支撑。

存放预制构件还应对各构件或预埋件做相应处理，保证存放质量的完好，具体注意事项如下：

（1）预制外墙板饰面砖、石材、喷涂表面等处应采用贴膜保护。

（2）预制构件暴露在空气中的预埋铁件应镀锌或涂刷防锈漆。对于外部预留量较多的钢筋，可采用涂刷阻锈剂、涂抹环氧树脂类涂层、包裹掺有阻锈剂的低强度混凝土、包裹掺有阻锈剂的水泥砂浆、封闭特制的封套或采用电化学方法等进行防锈保护。

（3）预埋螺栓孔应用海绵棒进行堵塞，防止混凝土浇捣时将其堵塞。外露螺杆应套塑料帽进行包裹以防碰坏螺纹。

（4）对连接止水条、高低口、墙体转角等易损部位，采用定型保护垫块或专用套件加强保护。

支承枕木（支承块）位置的特殊要求：

（1）一般预制墙板标准间距是 $0.2L \sim 0.6L$，L 为构件长度。

（2）枕木间距不小于堆放高度的二分之一。

（3）由下至上，长、宽越大，板片越需置于下层。

（4）墙板长宽超过 9m 以上时，应增加支承枕木，降低变形可能性。

（5）预应力梁（楼板）的支承枕木位置应放于梁端 50cm 处。

（6）预制叠合梁的支承应避免单层多点。

任务 7.3　预制构件运输安全管理

任务引入

本部分内容围绕预制构件的运输安全管理展开。讲解了预制构件在运输过程中的安全要求，并结合行车、卸车、装车等方面进行深入讲解。通过本部分内容的学习，学习者首先应能够对预制构件的运输安全要求有总体的认识，并能够对不同预制构件在运输安全注意事项有所了解和认识。

任务实施

为确保行车安全，预制工厂应制定预制构件的运输方案，其内容应包括运输时间、次序、运输路线、固定要求、支垫及成品保护措施等。对于高、宽、形状特异的大型构件的运输和存放应制定专门的质量安全保证措施。预制构件的运输车辆应根据构件尺寸和载重要求进行选择，装卸与运输时应符合下列规定：

（1）装卸构件时，应采取保证车体平衡的措施。

（2）运输构件时，应采取防止构件移动、倾倒、变形等的固定措施。运输细长构件时，行车应平稳。

（3）运输构件时，应采取防止构件损坏的措施。对构件边角部或链索接触处的混凝土，宜设置保护衬垫。

（4）构件运输时的混凝土强度，当设计无具体规定时，不应低于混凝土设计强度等级值的 75%。

（5）构件支承的位置和方法，应根据其受力情况确定，但不得超过构件承力或引起构件损伤。预制构件在运输时宜采取如下防护措施：①设置柔性垫片避免预制构件边角部位或固定链索接触处的混凝土棱角发生损伤。②用塑料薄膜包裹垫块，避免预制构件外观污染。③墙板门窗框、装饰表面和棱角处应采用塑料膜或其他措施防护。④对于竖向的薄壁构件，应设置临时防护支架。⑤装箱运输时，箱内四周采用木材或柔性垫片填实，支撑牢固。

（6）根据预制构件的特点采用不同的运输方式，运输中所采用的托架、靠放架、插放架应进行专门设计，并应进行强度、稳定性和刚度验算，验算合格方可使用：①外墙板宜采用立式运输，外饰面层应朝外，梁、板、楼梯、阳台宜采用水平运输。②采用靠放架立式运输时，构件与地面倾斜角度宜大于80°。构件应对称靠放，每侧不大于2层，构件层间上部采用木垫块隔离。③采用插放架直立运输时，应采取防止构件倾倒措施，构件之间应设置隔离垫块。④水平运输时，预制梁、柱构件叠放不宜超过3层，板类构件叠放不宜超过6层，不同型号叠放时下大上小。叠合板内预留孔洞较多、缺口较大造成板结构强度降低的板型安排在最上层。

（7）当采用靠放架运输构件时，宜采取直立运输方式，靠放架应具有足够的承载力和刚度，与地面倾斜角度宜大于80°。墙板宜对称靠放且外饰面朝外，构件上部宜用木垫块隔离，运输时构件应采取固定措施。

（8）构件运输到现场后，应按照型号、构件所在部位、施工吊装顺序分别设置存放场地，存放场地应在吊车工作范围内。

（9）构件出厂前，应将杂物清理干净。

预制构件送往工地或转运储存场时，一般属于较长距离的运输。因为行驶在公共道路上，通常会采用符合公共交通管理规定的大货车来运送构件，常见的有斗式大货车及连结平板式货车。行车与卸车应遵循以下要求：

（1）所有运输构件车辆车况应良好，运货司机经验丰富熟悉路况，所运构件应绑扎牢固。运输过程中遵守交通规则和道路管制要求，禁止超载，装运货物的宽度和长度应符合交通法的要求。长途运输应配备两名司机交替休息，严禁疲劳驾驶。

（2）所有卸车人员进入现场必须戴好安全帽并扣好安全帽带，戴防护手套及穿防滑鞋。严禁穿拖鞋、高跟鞋及赤臂进入现场，禁止酒后作业以及在工地上吸烟。施工人员应服从现场管理人员指挥。

（3）现场道路应保持畅通，及时清理影响构件运输车辆进入的障碍物。对于坡道路面，车辆在下坡前必须检查车辆的制动系统是否正常，若发现制动系统出现问题应当立即维修，确认完好后再进入。

（4）卸车人员应配备专职有证并且经验合格信号工两名，全权指挥，同时配备有证司索工至少四名。起重指挥采用对讲机与塔式起重机司机联系，信号必须清晰正确，禁止胡乱指挥、野蛮指挥。指挥人员应位于能清晰地看到起吊构件和起吊过程的地点，指挥人员应精力集中，不得擅自离开工作岗位。

（5）遇六级以上大风、雷雨等恶劣天气禁止进行卸车作业。

在运输过程中，还应遵守其他要求如下：

（1）在运输中，每行驶一段路程要停车检查钢构件的稳定和紧固情况，如发现移位、捆扎和防滑垫块松动时，要及时处理。

（2）在运输构件时，根据构件规格、重量选用汽车和吊车。大型货运汽车载物高度从地面起不准超过4m，高度不得超出车厢，长度不准超出车身。

（3）封车加固的铁丝、钢丝绳必须保证完好，严禁用已损坏的铁丝、钢丝绳进行捆扎。

（4）构件装车加高时，用铁丝或钢丝绳拉牢紧固，形式应为八字形，倒八字形，交叉捆绑或下压式捆绑。

（5）在运输过程中要对预制构件进行保护，最大限度地消除和避免构件在运输过程中的污染和损坏。

（6）运输车辆进入施工现场的道路，应满足预制构件的运输要求。卸放、吊装工作方位内不应有障碍物，并应有满足预制构件周转使用的场地。

任务7.4　预制构件生产信息化管理

▪️任务引入

本部分内容围绕预制构件的生产信息化管理展开。讲解了预制构件从项目管理、采购管理、仓库管理、生产管理等方面全面运用信息化的手段。通过本部分内容的学习，学生应对预制构件全过程中的信息化管理有清晰的认识，合理运用多种信息化手段，提升工人施工、工厂管理的能力与效率。

💡 任务实施

随着越来越多的企业开始重视建筑工业化的转型，一些 PC 构件的生产加工工厂也纷纷建立起来，但现阶段，所有的工厂都面临由于产品种类的不确定性导致工厂规划的不科学性，依然还是人海战术进行作业，产品质量无法得到很好控制。

在建筑工业化行业中为实现设计、生产、物流、施工、运营等环节全流程的有效管理，需要建立在信息化的平台上。信息化管理的精髓是信息集成，其核心要素是数据平台的建设和数据的深度挖掘，通过信息管理系统把设计、采购、生产、物流、施工、财务、运营、管理等各个环节集成起来，共享信息和资源，同时利用现代的技术手段来寻找自己的潜在客户，有效的支持企业的决策系统，达到降低库存、提高生产效能和质量、快速应变的目的，增强企业的市场竞争力。

智慧工厂管理信息系统是一个以 BIM 技术为核心的信息动态管理，以物联网技术为基础的数据智能采集系统，以生产指挥中心为载体的后台管控的应用平台，其主要跟踪预制构件的全部生产过程，通过物联网、信息化、BIM 技术，实现对构件从预制、施工到运维的全过程信息化管理。以 BIM 为主线，以二维码为生产全过程数据的载体，实现生产工艺流程的逐步改进完善、生产效率的逐步提高、产品质量的稳步提升。

智慧工厂管理信息系统打通设计—生产—施工环节，归集生产信息、质检信息、堆场信息、设备信息。通过各类算法计算出各类计划，并在相应的时间点自动下达生产任务。系统对接各类设备，通过系统达到自动化生产的目的。

智慧工厂管理信息系统直接对接设计的数据，导入云端数据库中，通过生产数据管理模块，将数据自动分配给生产模块与物资模块。在物资模块中，系统将构件数据拆分成混凝土、钢筋、预埋件等物资信息，自动匹配到材料分类与信息表、混凝土搅拌站模块、钢筋笼管理模块。

7.4.1　智慧工厂管理信息系统分类

装配式建筑构件生产中，按照构件拆分设计方案，对不同类型构件（剪力墙结构图体系的叠合板、内墙、外墙，框架结构体系的梁柱、叠合板和楼梯、阳台板等异形构件）进行标准化归并，制定生产方案，控制产能进度，依据构件生产工艺（清洗、喷涂、画线、定位、钢筋笼安放及组模、安放预埋件、布料、振捣、擀平、预养、抹面、养护、成型、脱模、调运、清洗、修补、成品入库），制定工厂加工信息化应用技术：①自动依据所识别的构件尺寸形状定位画线；②部分边模自动安拆；③深化钢筋模型自动识别、智能化加工生产，通过 BIM 模型中钢筋成品型号及数量的识别，钢筋加工设备自动识别深化钢筋模型信息进行加工生产；④布料机依据构件型号、混凝土强度等级、料量需求，自动开启并精准控制布料位置和布料量；⑤鱼雷罐（混凝土运输小车）运输轨迹及卸料点的自动优化选取，均衡各生产线用料需求，与布料机及混凝土下料自动联动；⑥养护窑码垛机根据设定时间要求，记忆存储时间，自动识别存取相应构件；自动设定并调整控制养护温度及湿度；⑦构件翻转起吊工位感应构件，自动翻转；⑧生产工位移动远程控制调整；⑨生产工位全过程信息采集；⑩生产线全线系统联动控制。

根据装配式建筑构件生产特点，智慧工厂管理信息系统按功能分为感知层、数据采集层、数据存储层、数据处理层、成果应用层。

（1）感知层，主要功能是加载 PC 构件生产全过程各类数据信息，包括 PC 构件的二维码标签、工厂各个角落安装的视频探头、自动化生产设备上的传感器、构件运输车辆上的 GPS 等。

（2）数据采集层，主要功能是采集附着在感知层相关载体上的数据信息，包括扫描二维码的扫码器或者手机及 PAD、采集视频探头及自动化设备上非结构化数据台式机及笔记本电脑等。

（3）数据存储层，主要功能是对 PC 构件生产全过程所采集的数据在云端进行安全、高效存储，按照功能模块不同，这些数据分为原材料采购数据、生产过程数据、产品质量数据等结构化数据，以及设计单位提供的基于 BIM 的设计图纸、视频探头采集的图像视频等非结构化数据，上述各种类型的数据信息按照存储安全、全面覆盖、方便检索方式存储在云端服务器上。

（4）数据处理层，主要功能是对所存储的 PC 构件生产全过程的数据进行加工处理，加工处理的方式主要包括统计分析和数据挖掘两类。统计分析是指按照企业生产运营管理需要，对上述数据进行不同维度、不同周期的数据统计和同比、环比变化分析，例如统计某一段时间某一种规格型号叠合楼板的产量、库存量、待生产量等；数据挖掘是指在基本的统计分析基础上，从提高企业运营效率、降低生产经营成本、提高构件产品质量等方面出发，运用 SPSS24 软件及其他大数据挖掘工具，对系统采集的数据进行提取、清洗、转换、装载和挖掘，以充分发掘数据隐藏的有价值信息，为企业业务流程重组提供决策参考，例如通过对叠合楼板的质量缺陷影响因素进行主成分分析，找出影响质量缺陷的关键因素，并制定和实施针对性的质量提升方案。

（5）成果应用层，主要功能是将上述所获得的数据信息、统计分析及数据挖掘成果，通过 EXCEL 表格、WORD 文档、AUTOCAD 图纸等方式，按照不同的系统权限，在手机 APP、PAD、电脑等媒介上进行直观展示，方便操作层使用者及时处理 PC 构件生产过程中遇到的各种矛盾和问题，方便管理层使用者及时统筹构件生产进度、原材料采购等方面的信息，方便决策层使用者及时掌握企业运营的采购、生产、库存、质量等方面的关键信息。

7.4.2 智慧工厂管理信息系统多维度的运用与应用

（1）智慧工厂管理信息系统在项目信息中的运用

在项目信息管理过程中，智慧工厂管理信息系统可以完成合同信息、工程量统计、芯片数量统计、工厂信息、进度计划等方面的管理工作。以合同信息管理为例，在系统中企业工作人员会定期录入本地区运用装配式技术的土地出让情况以及房地产商拿地信息，通过统计分析，实时监控市场情况，同时对已签约的合同及时进行汇总工作，形成装配式项目信息库。通过合同管理，公司管理者可以清楚了解当前公司的业务量、合同进展以及收款情况等信息。

（2）智慧工厂管理信息系统在生产管理中的应用

通过各构件生产工厂提供的模台情况（包括数量、空置率等），基于合同管理中记录的合同任务量，总公司利用智慧工厂管理信息系统合理安排各生产工厂的构件加工计划，并且通过芯片实时反馈的信息进行质量控制，一旦发生状态异常，及时作出处理。

（3）智慧工厂管理信息系统在库存管理中的应用

通过构件生产工厂所使用的智慧工厂管理信息系统的库存反馈信息，总公司可通过智慧工厂管理信息系统预先设定库区进行同项目、同型号构件的堆放。工厂代发货时工作人员可以通过 MES 系统很快找到需要的发货构件，提高发货效率，避免出错造成构件多次吊运损坏及重复性工作；总公司也可以通过 ERP 系统迅速了解库存变动情况，及时记录代发货工作人员信息。

（4）智慧工厂管理信息系统在供货管理中的应用

以往构件发货通过电话及邮件往来进行信息确认，往往会出现沟通不及时，造成发、收货混乱，最终引起不必要的麻烦；现在施工人员可在工地现场通过登录智慧工厂管理信息系统，确认需求构件的到货型号及时间，避免出错，并进行信息的记录。

（5）智慧工厂管理信息系统在运维管理中的应用

构件在实际运用过程中如果发生使用或者质量问题，可以通过智慧工厂管理信息系统将问题反馈给公司，公司通过构件的跟踪信息判断问题来源，并提出解决方案。通过 ERP 系统对构件生产流程数据的采集、维护、查询、统计及分析对比，可有效提高企业快速应变能力，优化产品质量和服务，增强企业的市场竞争力。

7.4.3 智慧工厂管理信息系统在预制件管理中的实际应用

从项目管理、采购管理、仓库管理、生产管理等方面全面运用信息化的手段，能有效帮助预制件厂合理安排生产计划及采购任务，减少物料浪费、降低成本、保证产品交期等。提前解决和避免在生产整个流程中出现的异常状态，体现了计划、执行、检查、纠偏（PDCA）的循环管理方法在预制件管理中的应用。

智慧工厂管理信息系统面向 PC 工厂开发数字化生产管理系统。专注于装配式建筑工厂的智能信息化管理，为工厂提供基于云端、数据驱动、灵活可配置的多平台实时协同系统，通过一物一码、生产溯源、移动协同、堆场管控、自动报表，用轻量高效的方式帮助工厂提高生产效率、降低制造成本、打通信息孤岛，实现工厂无纸化信息化管理。

（1）PC 工厂设置

在相对应板块中进行企业基本信息设置，包含公司名称、公司地址、公司概况等，建议设置修改次数，以免后期误操作，更改公司基本信息，影响软件操作。设置 1～2 位系统管理员，系统管理员拥有最高权限，拥有密码修改的权限。

人员授权：一是在 PC 工厂设置中人员授权管理界面中，进行添加人员，添加方式尽量多样化：微信扫码、现场扫码、群发图片二维码添加等均可。可设置"人员添加时间"，时间一到，可以关闭此次二维码添加功能。二是工厂人员扫码后，进行授权验证身份。三是工厂人员信息都录入之后，由管理员设置人员权限，不同的人员对应不同的权限。

管理者——拥有最高权限，可修改、删除任何数据，拥有审核权限。管理员——拥有修改、删除数据的权限，但核心数据需要管理者审核后方可生效。查看者——仅拥有数据查看权限，无法修改，删除、新增数据。

资源设置：在 PC 工厂设置中进行生产线资源设置，根据工厂实际生产线或固定模台的情况进行设置命名，编辑好信息，配置前一步骤已设置好的质检人员。

班组设置：在 PC 工厂设置中进行班组基本信息的设置，按照工序进行添加班组，如钢筋工班组、混凝土班组等。根据工厂实际情况进行班组的作业人员添加。每个班组设定一位班组长，班组长接收任务，下发任务。班组人员之间可以人员调动，如一组的钢筋工可以根据任务需要调换到二组，人员也可进行删除。

生产流程设置：在 PC 工厂设置中进行工厂的流程工序的设置，先根据工厂实际的工序流程进行设定。每一步工序添加相对应的工序操作人员。可按照此流程进行设置：划线工序→组模工序→钢筋绑扎→预埋工序→隐蔽验收→浇筑工序→脱模工序→清扫工序→养护工序→成品检查→摆放与堆放。

后期也可以根据实际需要关闭或增添流程，工序的先后顺序也可更改。流程工序设定好之后，加入对应工序的工作人员，设定不同工序人员的操作。在隐蔽验收与成品检查环节设定检查项，检查项根据国家或地方规范进行设定，不同的构件应设置不同的检查项。质检人员在对应环节进行验收检查评分，督促工人针对不合格构件进行整改或修补。

堆场位置设置：根据 PC 工厂实际情况，进行堆场划分库区库位的划分。堆场分为场内堆场与场外堆场。根据实际情况对库区进行命名与编号，命名可以为 A 区或南区或 1 区。库位建议以自然数序列进行命名，如：A 区-001、1 区-002、南区-003……

库区库位设置完成后，每个库位应对应自己唯一的库位二维码，支持库区名称修改与删除，支持库位编辑、复制与删除，亦可新增库位数量。根据前期人员授权信息添加好入库人员、库内修补人员以及堆场质检人员；设定好堆场工序操作。

（2）原料管理

仓库管理模块实现了采购入库、物料入库、材料领用、物料调拨、库存统计等所有通用仓库管理软件应有的功能。系统创造性地发明了复式库存管理系统，轻而易举地满足库存管理的复杂需求，如跟踪供应商/客户的库存情况、物流上下游追溯跟踪、与库存财务台账结合等，支持层次结构的多仓库管理，可管理内部库位、外部存货地点、客户、供应商以及生产车间等的存货变动。甚至支持波次分拣等大型零售电商配送中心的物流作业。

实现了 BOM 清单需求物料和库存数据的全自动匹配功能，跟进公司库存和补货策略，通过物料需求计划自动计算，实现仓库自动补货功能。系统也可以实现各种库存数据的统计报表，如进出存报表，明细账报表，领用统计报表，物料分类统计报表等。支持条码/二维码、安全库存、自动补货、按项目统计物料消耗。

采购管理模块实现了企业的采购管理功能，包括供应商管理、询价单管理、采购单管理、采购跟踪、采购入库、采购单价趋势跟踪报表等功能；可以设置根据采购单金额大小，强制两级审批机制；在实现了采购管理和供应商管理的同时，也保证了订单产品交货期关键的物料及时到位。

原料分类管理：根据 PC 工厂实际情况，添加好原料名称。钢筋库为固定分类，是根据审核好的深化图纸进行下料的，因此钢筋库内不可进行编辑与删除。其他物料类可编辑或删除，设置之后就可以启动审核流程。设置库存警报线，当原料实际库存量低于库存警报线，将会通知原料管理者，进行补料，同时设置原料库存导出功能。原料分类设置好之后，进行供应商信息设置，设置批量导入功能。原料金额显示设置可根据工厂情况设置不同的人员可见。进行收料单与领料单打印样式的设置，此处只有管理者与管理员有权限编辑与修改。进行钢筋物料的添加，可单个添加，可批量模板导入，钢筋编码与物料编号是唯一的。

收料管理：收料操作设置时建议包括支持收料状态筛选、支持收料单编号搜索、支持收料日期升序降序排列、支持原料类型筛选，可查看收料凭证。

收料填写，按照 PC 工厂实际的具体收料时间、供应商信息及其他备注信息及时上传，若有凭证材料也同时上传，支持文件与图片形式。如果单次收料种类太多，可批量导入。根据 PC 工厂原料需求，选择收料的编号，将收料数量、单价输入，自动进行总价计算。支持钢筋物料编号搜索收料单。收料单填写确认之后，将开启审核流程，管理者有审核权限。

为方便资料存档，建议收料单支持打印纸质存档，支持二次编辑更改与删除，支持查看收料统计，以便跟供应商对账或者内部财务对账。

领料管理：领料操作设置时建议包括支持领料状态筛选、支持领料单编号搜索、支持领料日期升序降序排列、支持原料类型筛选，可查看收料凭证。

领料填写，按照 PC 工厂实际的具体领料时间，领用项目，领用部门及时上传，若有凭证材料也同时上传，支持文件与图片形式。如果单次领料种类太多，可批量导入。根据 PC 工厂原料需求，选择领料的编号，将领料数量、单价输入，自动进行总价计算。

为方便资料存档，建议领料单支持打印纸质存档，支持二次编辑更改与删除，支持查看领料统计，以便核算项目钢筋物料的应用情况。

（3）项目管理

项目管理模块主要是项目编号、项目名称、项目摘要等基础信息的管理维护，以及和项目相关联的生产订单、项目执行状态管理等。预留与项目现场安装、施工等项目全生命周期管理的接口。

创建项目：填写好项目名称、项目编号、楼栋楼层信息，完成项目创建；项目创建完成后进入项目，到项目需求库。

管理项目构件型号：批量导入新增构件型号、点击下载 BOM 表的文本格式、自行添加更多钢筋与物料的填写项。以构件型号名称命名好图纸编号，上传到系统里面会自动匹配图纸，模具编号跟构件编号根据工厂要求如需录入就按照格式录入，如不需要不填写即可。按照 BOM 格式录入楼栋楼层，上传到系统后会自动把楼栋楼层对应的构件匹配好，以及对应的需求量系统会自动计算好。

导入构件台账：在项目板块中点击项目，进入到构件型号库，导入构件台账，选择已编辑好的 Excel 文件即可。BOM 表导入后，构件会自动根据 BOM 表录入的数据拆分楼栋楼层需求。可以筛选楼栋楼层/构件类型查看，也可按构件型号搜索。

管理项目需求总量：所有项目需求量录入完成后，可计算出整个项目的钢筋和物料的理论用量；也可筛选楼栋楼层计算单个楼栋多楼层或者多楼栋的钢筋物料的理论用量。可查看整个项目构件类型的分类及统计，可根据工厂情况新增构件类型，名称自定义。可以进行项目公开设置，该项目下所有构件信息对外部人员公开展示设置，是公开所有信息还是公开部分信息或者不公开。可将二维码发给项目方，项目方直接扫描二维码进入就能看到该项目的进度，只能查看该项目，没法看到其他项目的进度。可以查看整个项目已排产构件的生产状态，可以查看整个项目所有的构件生产状态，可以查看整个项目的排产及需求情况。

管理项目构件图纸：进行文件夹管理，添加或者编辑好文件名称，上传图纸，图纸在上传之前文件名必须跟构件型号一致。最好以构件型号作为图纸文件的文件名，系统会自动匹配绑定到该型号；支持格式：pdf、png、jpeg、jpg。构件图纸上传好之后，可以进行编辑、复制、查看、下载、移动或删除。

查询项目整体进度：可直观地查看整个项目的进度统计情况，可查看需所选择的楼栋楼层的总需求和排产量统计；可通过筛选查看构件的最新状态明细列表包含所有良品、不良品、报废品构件。

（4）订单管理

创建订单：按月或按日进行订单模块设置，填写订单的基础信息，添加需求，选择构件、输入构件数量。若需走审核流程，在订单设置里面开启审核流程部门。订单由销售/商务/工程部门创建，不可跨项目选择、仅限单个项目选择需求量可以多选楼栋/楼层下订单。可以继续编辑订单的明细页，建议根据合同信息和实际情况，安排整体项目订单计划。仅有订单模块管理员可以审核订单，请仔细核对订单信息及需求明细。审核通过后，通知排产管理员安排排产。

查询订单交付进度：在全部订单里，可以筛选订单状态进行查看，可搜索订单编号、搜索项目查看订单。可以用红色时间显示提醒到期未交付的订单。

订单统计：可选择单个订单或多个订单计算钢筋和物料的理论用量，也可进入订单界面点击统计钢筋用量与统计物料用量查看。

（5）排产管理

通过生产计划数据可以关联到公司项目、产品（数量/时间）、物料清单、工艺路线、库存路线、物料需求、工序质量、工时统计（计件/计时）、生产图纸、生产批次号追溯等各方面数据，从而对生产过程进行全程的跟踪和记录。

创建计划任务：设置排产板块基础信息、设置任务单打印样式和标签打印样式、新建计划任务。根据实际的生产排产情况，完善生产任务信息。基础信息包括：计划生产时间、指定产线、指定班组，以及备注事项。可按项目添加需求、也可按照订单模式添加需求、选择好楼栋楼层信息，勾选需要排产的构件、输入数量，每一块构件进入待生产状态。如需指定生产模台，可指定生产模台。生产任务已创建，系统自动生成任务编号。可统计该订单的钢筋物料的理论用量。确认订单，打印生产任务单和标签一起下发到生产车间。

计划任务下发：下载并打印生产任务单，每张生产任务单上都有二维码，扫描该二维码可以查看和执行任务。下载标签，打印生产任务单，在生产前将构件二维码与生产任务单一起交付给产线/班组负责人。

基于计划任务的运算：在排产计划中，可选择单个排产单或多个排产单计算出钢筋和物料的理论用量，也可查看统计钢筋用量与统计物料用量。

计划任务量统计：排产模块支持查看分项目统计，在所有的项目列表里面筛选项目的当月任务量统计，支持导出为 excel，按楼栋、楼层、构件分类统计当月的任务量。

计划任务的生产流程进度：在排产模块，可查看不同任务进度的任务单。超时的任务单，延期任务的生产时间会以红色字体显示，以示提醒。

（6）生产管理

系统根据生产计划、BOM 清单、物料库存等自动换算出物料需求及生产任务清单。帮助企业合理安排生产计划及采购任务，减少物料浪费、降低成本、保证产品交期等。

生产执行：在生产模块，接收任务，系统会自动生成一个任务编号，生产任务单进入到生产中状态，该计划任务的所有构件将进入生产工作台。

生产工作台流程：在生产模块，生产工作台里包含不同工序流程状态下的所有构件。不同工序由不同人员去操作。

完工确认型工序与质量检查型工序的区别：完工确认型工序直接点击完工，便可确认进入下一步流程；质量检查型工序中包含隐蔽验收，需要通过检查项来判定构件是否合格，需判断构件属性是良品、不良品、报废品方可进入下一环节。

工序预警通知：可以进行设置时间预警通知，当到达设定时间后，系统会自动通知对应的工序的操作人员，可自定义时间/数量工作台通知设置。

工序工作量统计/明细导出：选择工序状态，选择统计时间，筛选产线、班组、项目、楼栋楼层、构件类型，可以导出为 excel 表格，并查看明细。

产量的分产线/分班组统计：选择统计时间，可以按产线统计、按班组统计、按项目统计、按构件类型占比统计查看数据。可以导出为 excel 表格，并查看明细。

（7）发运管理

创建发货单：进行出库设置，按照工厂要求设定好出库构件的设置。设置出库单打印样式、构件信息和签名栏，给不同的项目设置不同的合格证模板。合格证随车发，自动同步在发货单上。填写项目的基本信息以及工厂的基本信息。可以设定楼栋楼层/构件类型/构件型号/构件编号/生产时间是以实际发货为准，还是不显示。

客户管理：客户管理/车辆管理在设置里面维护好，后期在创建出库单的时候直接选择就不用再去输入，维护好项目联系人及项目地址。

车辆管理：完善好车辆信息，车辆明细可以继续编辑、删除。

出库单流程与进度：出库单分成四个流程状态：已制单、已审核、已发车、已到货；出库单分成四个进度：制定发货单、审核确认、出库确认、送达确认；可实时查看出库单进度。出库单及合格证可在线打印也可以下载 excel 打印，给到司机随车发走。

出库数据统计/明细导出：全部出库列表均可查看明细数据并导出为 Excel 表格。

（8）退货管理

创建退货单：设置审核权限、退货单打印样式，设置好保存。退货单数据新增、修改、删除，需要「管理者」审核后方可生效。退货单由商务/销售人员创建，由质检人员审核判定退货构件具体原因。完善退货单的基础信息。

退货入库流程与进度：退货单分成四个流程状态：已制单、已审核、入库中、已入库，可筛选查看不同状态的退货单。退货单创建之后进入审核页面，退货需要审核，仅有退货管理员可以审核退货，需仔细核对退货信息及需求明细。审核通过后，通知堆场相关人员进行退货入库。

退货单出库数据统计：选择退货单日期，勾选需要统计的退货单，统计出每个月的退货总量。

退货数据统计/明细导出：全部退货列表均可查看明细数据并导出为 Excel 表格。

（9）数据看板管理

高效的用户界面：系统提供列表、表单、甘特图、日历图、图形报表等至少 5 种视图界面供用户方便地管理生产计划订单和工序单。通过订单视图，日历表控制视图和在甘特表中的时间安排来推进下一个订单。

日常统计：可以按产线统计、按班组统计、按项目统计、按构件类型占比查看产量统计、振捣统计、入库统计数据，每一个数据都可查看明细数据表。其中产量统计、振捣统计数据来自生产板块，入库统计来自堆场板块。

实时库存：可以按项目统计、按库区库位统计并查看库存统计，支持导出为 EXCEL 数据表，并可实时查看库存数据表，数据来自堆场板块。

发货统计：可以按项目统计、按运输车辆统计并查看发货统计，支持导出为 EXCEL 数据表，并可实时查看发货数据表，数据来自发运板块。

退货统计/质检情况：可以查看不同项目的退货情况，支持导出为 EXCEL 数据表，并可实时查看退货数据表，数据来自退货板块。在质检情况中可以查看所有质检不合格次数，支持导出 EXCEL 数据格式。对于不合格的质检工作情况，请在对应工序工作台中查看或导出。

进入看板后，可直观地查看整个项目的进度统计情况、不同颜色表示不同的进度，可查看需所选择的楼栋楼层的总需求和排产量统计，可通过筛选查看构件的最新状态。

（10）隐检资料管理

请确保生产流程中已启用隐蔽验收跟成品检查工序，当构件进行完隐蔽验收工序，操作权限人员进行操作，隐检资料完成后，出具成品合格证制，构件将进入待制作列表。

7.4.4　预制构件工厂加工执行系统 MES 的技术应用

装配式建筑生产基地在进行构件生产时，可以通过 BIM 模型信息建立构件的生产信息，在工程总承包管理目标要求下，工厂 MES（Manufacturing Execution System）制造执行系统结合 BIM 信息，生成构件排产计划。

装配式 MES 系统以辅助生产为核心思想，应用 BIM、云计算、大数据、移动互联、二维码等新技术，实现项目管理、生产任务跟踪、生产计划关联物料、质量管控、人员与绩效管理、库存管理等业务流程全覆盖，可提供包括计划排产管理、生产过程工序与进度控制、生产数据采集集成分析与管理、模具工具工装管理、设备运维管理、物料管理、采购管理、质量管理、成本管理、成品库存管理、物流管理、条形码管理，人力资源管理（管理人员、产业工人、专业分包）等模块，打造一个精细化、实时、可靠、全面、可行的加工协同技术信息管理平台。为企业生产管理人员进行过程监控与管理，保证生产正常运行，控制产品质量和生产成本提供了有力的工具，全面提高企业制造执行能力。

（1）项目管理

项目管理模块主要是项目编号、项目名称、项目摘要等基础信息的管理维护，以及和项目相关联的生产订单、项目执行状态管理等。预留与项目现场安装、施工等项目全生命周期管理的接口。

PCMEC项目成品管理流程如图7-1所示。

图7-1 PCMEC项目成品管理流程

（2）采购管理

采购管理模块实现了企业的采购管理功能，包括供应商管理、询价单管理、采购单管理、采购跟踪、采购入库、采购单价趋势跟踪报表等功能；可以设置根据采购单金额大小，强制两级审批机制；在实现了采购管理和供应商管理的同时，保证订单产品交货期关键的物料及时到位。

（3）仓库管理

仓库管理模块实现了采购入库、物料入库、材料领用、物料调拨、库存统计等所有通用仓库管理软件应有的功能。系统创造性地发明了复式库存管理系统，轻而易举地解决库存管理的复杂需求，如跟踪供应商/客户的库存情况、物流上下游追溯跟踪、与库存财务台账结合等，支持层次结构的多仓库管理，可管理内部库位、外部存货地点、客户、供应商以及生产车间等的存货变动。甚至支持波次分拣等大型零售电商配送中心的物流作业。

实现了BOM清单需求物料和库存数据的全自动匹配功能，跟进公司库存和补货策略，通过物料需求计划自动计算，实现仓库自动补货功能。仓库管理模块功能已经超越了传统ERP库存管理，是一个完成的WMS仓库管理系统应用。

系统也可以实现各种库存数据的统计报表，如进出存报表，明细账报表，领用统计报表，物料分类统计报表等。支持：条码/二维码、安全库存、自动补货、按项目统计物料消耗。

PCMEC 原材料进销库流程如图 7-2 所示。

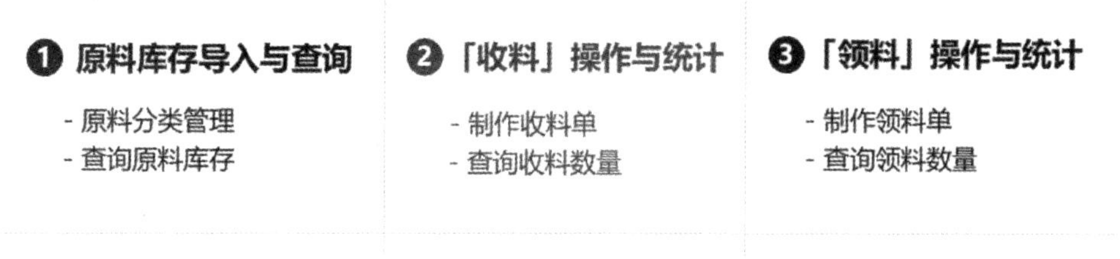

❶ 原料库存导入与查询
- 原料分类管理
- 查询原料库存

❷「收料」操作与统计
- 制作收料单
- 查询收料数量

❸「领料」操作与统计
- 制作领料单
- 查询领料数量

图 7-2 PCMEC 原材料进销库流程

（4）生产管理

MRP 运算：系统根据生产计划、BOM 清单、物料库存等自动换算出物料需求及生产任务清单。帮助企业合理安排生产计划及采购任务，减少物料浪费、降低成本、保证产品交期等。

PCMEC 订单成品管理流程如图 7-3 所示。

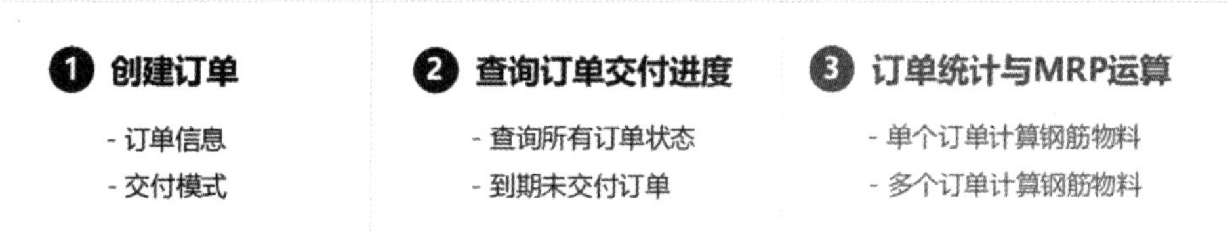

❶ 创建订单
- 订单信息
- 交付模式

❷ 查询订单交付进度
- 查询所有订单状态
- 到期未交付订单

❸ 订单统计与MRP运算
- 单个订单计算钢筋物料
- 多个订单计算钢筋物料

图 7-3 PCMEC 订单成品管理流程

生产计划管理：通过生产计划数据可以关联到公司项目、产品（数量/时间）、物料清单、工艺路线、库存路线、物料需求、工序质量、工时统计（计件/计时）、生产图纸、生产批次号追溯等各方面数据，从而对生产过程进行全程的跟踪和记录。

PCMEC 排产、生产、堆场发运成品管理流程如图 7-4～图 7-7 所示。

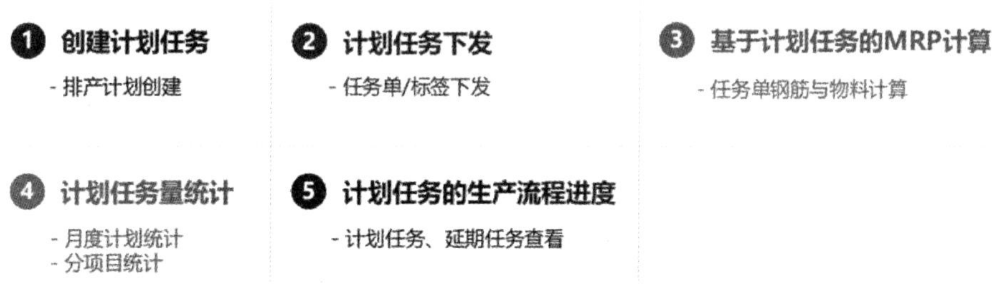

❶ 创建计划任务
- 排产计划创建

❷ 计划任务下发
- 任务单/标签下发

❸ 基于计划任务的MRP计算
- 任务单钢筋与物料计算

❹ 计划任务量统计
- 月度计划统计
- 分项目统计

❺ 计划任务的生产流程进度
- 计划任务、延期任务查看

图 7-4 PCMEC 排产成品管理流程

生产基础资料管理：系统能够精确地管理产品的各种属性字段，非常灵活地创建多层级的物料单，配置相应的工艺路线，版本的变更以及处理无形的物料单。可以根据套件或者制造订单来使用物料清单表。

高效的用户界面：系统提供列表、表单、甘特图、日历图、图形报表等至少 5 种视图界面供用户方便地管理生产计划订单和工序单。通过订单视图，日历表控制视图和在甘特

1 生产任务
- 计划任务接收

2 生产工作台流程
- 工序流程

3 完工确认型工序与质量检查型工序的区别
- 工序类型区别

4 工序预警通知
- 工作台预警设置

5 工序工作量统计/明细导出
- Excel明细导出

6 产量的分产线/分班组统计
- 分类统计

7 构件生产流程节点的手动调整（管理者）
- 流程节点批量调整

图 7-5　PCMEC 生产成品管理流程

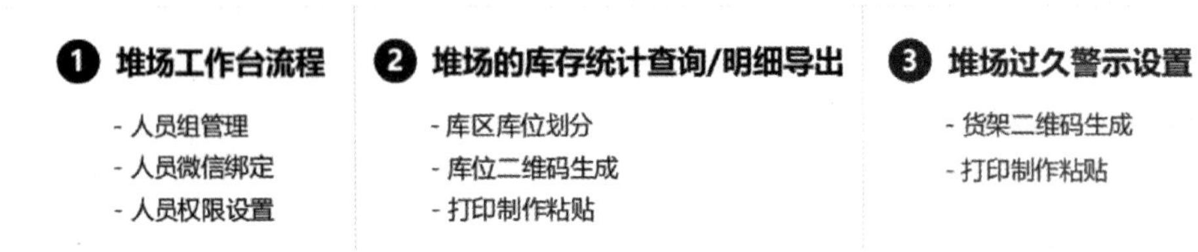

1 堆场工作台流程
- 人员组管理
- 人员微信绑定
- 人员权限设置

2 堆场的库存统计查询/明细导出
- 库区库位划分
- 库位二维码生成
- 打印制作粘贴

3 堆场过久警示设置
- 货架二维码生成
- 打印制作粘贴

图 7-6　PCMEC 堆场成品管理流程

1 创建出库单
- 出库单设置
- 出库专员设置

2 客户管理
- 项目信息填写

3 车辆管理
- 新增车辆信息
- 编辑更改车辆信息

4 出库单流程与进度
- 全部出库单进度
- 到期未出库进度

5 出库数据统计/明细导出
- 出库单分项目统计
- 出库单分车次统计

图 7-7　PCMEC 发运成品管理流程

表中的时间安排来推进下一个订单。

PCMEC 数据统计看板如图 7-8 所示。

1 日常统计
- 产量统计（图形化报表+明细导出）
- 浇捣统计（图形化报表+明细导出）
- 入库统计（图形化报表+明细导出）
- 发货统计（图形化报表+明细导出）
- 退货统计（图形化报表+明细导出）
- 质检情况（图形化报表）
- 库存情况（图形化报表+明细导出）

2 项目进度
- 项目进度形象看板

3 工厂数据大屏
- 产线/堆场大屏看板

图 7-8　PCMEC 数据统计看板

（5）质量管理

质量管理模块实现了建筑行业国标对质量和生产物料追溯管理的各项要求，功能模块包括：批次号管理、混凝土配方、钢筋材质报告、养护试块管理、成品质量报告等，也支持系统自定义质量类别功能。

7.4.5　智慧工厂管理信息系统的主要特点总结

智慧工厂生产管理信息系统在预制构件生产管理上，结合二维码技术，对接生产线设备，实现自动化与信息化结合。生产计划、生产任务、辅助性计划等采用云计算技术自动生成。目标是让 PC 工厂的生产用自动化取代人工，用云端计算代替人工计算，真正实现自动化与信息化的高度融合，为工厂节约人力成本，提高生产效率与构件质量。

（1）设计信息直接导入生产管理系统，实现 BIM 信息的互联共享：为确保 PC 构件在生产全过程数据信息的准确性和唯一性，系统实现对设计单位基于 BIM 的构件正向设计信息的直接导入。在构件设计阶段，设计单位在完成项目分楼栋的结构设计后，生成楼栋各楼层的构件拆分模型，进一步生成各个构件的深化设计图纸，并生成对应的二维码。生产管理系统自动接收设计单位基于 BIM 的设计信息，并将其作为物料清单（BOM）的基础，用以指导物料需求计划（MRP）、磨具模台生产计划和采购计划的编制。

（2）构件生产进度信息的直观展示，方便实时跟踪和调整生产计划：为方便实时掌握 PC 构件生产进度，系统对各构件生产信息进行直观展示，以某项目一栋 15 层建筑为例，共需要供应 2160 块叠合楼板，按照所处生产阶段不同，将构件状态分为无状态、待生产、生产中、生产完成、已发货和已安装六种状态。

生产管理系统基本满足企业经营管理需求：一是实现了 BIM 信息直接导入生产管理系统，避免图纸信息的重复录入，提高设计信息沟通的准确性，提高企业运作效率；二是通过二维码技术保证了数据的唯一性，在对原材料、中间品、产成品进行数据编码基础上，通过二维码集成整合构件生产全流程数据信息；三是通过设置环节之间数据信息验证的前置条件，实现数据的闭环管理，即数据之间彼此互联互通和符合逻辑，保证了数据信息的完整性；四是提高了企业运作效率，通过信息系统的运用，企业普遍反映生产效率有所提高，产量最高提高了 30%；五是降低了企业运作成本，系统运行有效降低了生产制造各环节的返工率和材料浪费；六是系统操作，特别是手机 APP 操作简单，没有给操作工人增加太多工作量。

推行新型装配式建筑的管理创新就是采用 EPC 工程总承包模式，实现设计、加工、装配一体化、建筑、结构、机电、装修一体化，全过程技术集成及协同。研发以 BIM-MES 系统为基础的装配式建筑全过程信息化管理技术具有重要意义：可实现全产业链的技术集成和协同、各方信息共享共用、上下游高度协同一致，全产业链上资源节省、成本节省、工期缩短、品质提升、精益建造。推行装配式建筑与信息化的高度融合是国家战略要求，亦是建筑行业的发展趋势。

思考与练习

1. 预制构件生产过程中，安全管理应注意哪些方面？

2. 预制构件存放过程中，安全管理应注意哪些方面？

3. 预制构件运输过程中，安全管理应注意哪些方面？

4. 预制构件在生产全过程中，可以运用哪些信息化管理手段？

5. 预制构件在生产全过程中采用信息化手段，能对哪些方面有促进改善作用？

参考文献

[1] 中华人民共和国住房和城乡建设部.《建筑模数协调标准》GB/T 50002—2013［S］. 北京：中国建筑工业出版社.2014.

[2] 中华人民共和国住房和城乡建设部.《混凝土结构设计规范》（2015年版）GB 50010—2010［S］. 北京：中国建筑工业出版社.2011.

[3] 中华人民共和国住房和城乡建设部.《混凝土强度检验评定标准》GB/T 50107—2010［S］. 北京：中国建筑工业出版社.2010.

[4] 中华人民共和国住房和城乡建设部.《民用建筑隔声设计规范》GB 50118—2010［S］. 北京：中国建筑工业出版社.2010.

[5] 中华人民共和国住房和城乡建设部.《混凝土外加剂应用技术规范》GB 50119—2013［S］. 北京：中国建筑工业出版社.2013.

[6] 中华人民共和国住房和城乡建设部.《混凝土结构工程施工质量验收规范》GB 50204—2015［S］. 北京：中国建筑工业出版社.2015.

[7] 中华人民共和国住房和城乡建设部.《建筑装饰装修工程质量验收标准》GB 50210—2018［S］. 北京：中国建筑工业出版社.2018.

[8] 中华人民共和国住房和城乡建设部.《建筑工程施工质量验收统一标准》GB 50300—2013［S］. 北京：中国建筑工业出版社.2014.

[9] 中华人民共和国住房和城乡建设部.《混凝土结构工程施工规范》GB 50666—2011［S］. 北京：中国建筑工业出版社.2012.

[10] 中华人民共和国国家质量监督检验检疫总局 中国国家标准化管理委员会.《通用硅酸盐水泥》GB 175—2007［S］. 北京：中国标准出版社.2008.

[11] 中华人民共和国国家质量监督检验检疫总局 中国国家标准化管理委员会.《用于水泥和混凝土中的粉煤灰》GB/T 1596—2017［S］. 北京：中国标准出版社.2018.

[12] 中华人民共和国国家质量监督检验检疫总局 中国国家标准化管理委员会.《混凝土外加剂》GB 8076—2008［S］. 北京：中国标准出版社.2008.

[13] 中华人民共和国国家质量监督检验检疫总局 中国国家标准化管理委员会.《混凝土和砂浆用再生细骨料》GB/T 25176—2010［S］. 北京：中国标准出版社.2010.

[14] 中华人民共和国国家质量监督检验检疫总局 中国国家标准化管理委员会.《混凝土用再生粗骨料》GB/T 25177—2010［S］. 北京：中国标准出版社.2010.

[15] 中华人民共和国住房和城乡建设部.《装配式混凝土结构技术规程》JGJ 1—2014［S］. 北京：中国建筑工业出版社.2014.

[16] 中华人民共和国住房和城乡建设部.《高层建筑混凝土结构技术规程》JGJ 3—2010［S］. 北京：中国建筑工业出版社.2010.

[17] 中华人民共和国住房和城乡建设部.《蒸压加气混凝土制品应用技术标准》JGJ/T 17—2020［S］. 北京：中国建筑工业出版社.2020.

[18] 中华人民共和国住房和城乡建设部.《装配式混凝土建筑技术标准》GB/T 51231—2016［S］. 北京：中国建筑工业出版社.2016.

[19] 夏锋.《装配式混凝土建筑生产工艺与施工技术》［M］上海：上海交通出版社，2017.

[20] 刘晓晨.《装配式混凝土建筑概论》［M］重庆：重庆大学出版社，2018.

[21] 肖明和.《装配式建筑混凝土构件生产》［M］北京：中国建筑工业出版社，2018.